1～3歲的小惡魔
父母應該這樣帶

孩子的「放電」時間
其實是教育的大好機會

方佳蓉
高潤 著

教育家蒙特梭利說過：「人生頭三年勝過以後發展的各個階段。」
1～3歲是寶寶大腦發育的重要時期，抓緊這個最關鍵的階段，
正確開發寶寶的知識與能力，將決定寶寶一生的發展。

本書特別收錄【月齡能力測驗】，詳細規劃各階段的寶寶能力測驗，
適時掌握孩子的成長及發育情形，讓您的寶貝輕鬆贏在起跑點！

目錄

目錄

目錄

前言

　　每一個爸爸媽媽都希望自己的寶寶聰明過人，可是身為父母，你能為自己的寶寶做些什麼呢？在這個日新月異的時代，企業靠高水準的經營之道贏得生存空間，而人多半靠靈活的頭腦才能立足社會。作為父母，當然不能滿足於只是提供給寶寶營養充足的飲食，或是為他提供最新潮、最時尚的玩具，因為，就算把世界上所有的好東西加在一起，也不如讓寶寶擁有一顆聰明的頭腦來得重要。

　　那麼，聰明的頭腦從哪裡來？科學研究證明，大腦是人類智慧的源頭，它分為左腦和右腦，而我們的左腦和右腦是以明顯不同的方式進行著神奇的工作：左腦的主要功能可分為語言智能、邏輯思維智能、數學智能、自然智能和聽覺記憶智能；而右腦的主要功能可分為形象思維智能、空間知覺智能、創造性思維智能、肢體協調智能、人際關係智能和視覺記憶智能。只有左右腦均衡發展，才能使腦力開發達到一定程度，使頭腦更為聰明。

　　根據調查研究顯示：人的智力 60% 在 4 歲以前獲取，30% 在 4 ～ 8 歲之前獲取，10% 在 8 歲以後獲取，可見 4 歲以前開發寶寶的智能是多麼重要，而錯過了這一時期又是多麼可惜。教育家蒙特梭利也曾說過：「人生頭三年勝過以後發展的各個階段。」因此，要讓我們的寶寶日後更聰明、智能發育更好，一定要抓住寶寶人生的頭三年這個最關鍵的階段，充分開發寶寶的智能，使寶寶的左、右腦協調並用，充分整合。

　　1 ～ 3 歲是寶寶大腦開發的重要時期，如何科學地開發寶寶的智力，將決定寶寶以後的人生成就。本書針對不同時期寶寶的智力發育特徵，精心制

定了有利於寶寶大腦發育的營養方案，同時也詳細介紹了開發寶寶左右腦的各種訓練以及遊戲項目。從中，寶寶不僅能體會到快樂、愉悅、幸福，也能使各方面的能力得到鍛鍊和發展。

　　每個孩子都是父母手中的寶，如何進行早期教育也已經成為了父母的必修課，希望本書能為孩子的智力開發提供幫助，早點發現孩子在某方面的潛在能力，使他們都能健康、聰明地成長。

寶寶 13 ～ 14 個月：
走路的本領越來越厲害

第一節
開發寶寶的左腦：疊音常出現

訓練寶寶的語言能力

模仿動物叫。1 歲大小的寶寶，能夠學會四種動物的叫聲。你可以對他講一個「動物音樂會」的故事，讓寶寶模仿動物叫，如拿出小貓玩具，發出「喵喵」的叫聲；拿出小羊的圖畫，發出「咩咩」的聲音，寶寶聽到聲音覺得好笑，就會跟著學叫；再學習牛叫「哞哞」，雞叫「喔喔」……以後凡是拿出玩具或圖畫，孩子都會很快樂地發出特有的叫聲，會很好地促進孩子開口說

話的興趣。

教寶寶正確發音。正確發音是語言交流的基礎，如果發音不準確，寶寶和別人進行語言交流時就會造成很大的障礙。

因此，家長在訓練寶寶語言能力的同時，首先應做到教寶寶正確發音。在具體的實踐中，家長可先給寶寶示範正確的發音方法，最關鍵的是要讓寶寶看見家長發音時的正確嘴形，並讓寶寶仔細觀察與模仿。

實驗證明，這種方法反覆幾次以後，寶寶就會試著發出正確的聲音了。

結合寶寶的生活，教寶寶學發重疊音。有些寶寶會發出重疊音來表示某種東西，如喵喵（貓）、汪汪（狗）、ㄅㄨㄅㄨ（汽車）、帽帽（帽子）等，這種現象相當普遍，有人稱之為「兒語」。不過爸爸媽媽跟寶寶說話時不必將就孩子說這種「兒語」。爸爸媽媽對寶寶說話時，應當直接說貓，使寶寶盡快從「兒語」過渡到正確的語言上來。不過也不必責罵或者禁止寶寶說重疊音，因為寶寶發重疊音較為方便，是一種過渡期的發音方法，如果責罵或禁止就會使寶寶不敢發音，會影響寶寶學習的積極性。

沉默期。在學會稱呼爸爸媽媽，會說一些單字期間，寶寶比較安靜，不如以前那麼愛發出無意義的聲音了。

人們把這個時期稱為沉默期。有些寶寶沉默期很短暫，有些寶寶沉默期較為長一些。在沉默期寶寶會用手指物，或者自己過去拿取東西，而不發出聲音。對沉默期人們有各式各樣的解釋。有人認為，因為這時寶寶的注意力集中在學走上，待完全走穩後他才開口說話；有的認為這是語音的收縮，即在週歲以前寶寶發出許多不同的聲音，其中有些是母語所沒有的，由於母語的學習漸漸增加，用不到的聲音逐漸減少，在語音的收縮期間，寶寶會出現

沉默；另一說法是寶寶需要搜集詞彙，寶寶說話有一個從數量變化到提升準確性的過渡期，在數量變化期間，寶寶會沉默一段時間。總之，許多父母都會感到奇怪，為什麼這幾個月寶寶的發音會減少。如果寶寶聽得懂爸爸媽媽的話，照著去做，就不必擔心了。

　　理解反應。寶寶會聽爸爸媽媽的話，做爸爸媽媽要求做的事。如讓寶寶去拿東西、走過來、不要動等，寶寶都能聽得懂並照著辦。寶寶注意聽父母講話，並有聽懂的表情，有時點頭表示同意，有時表示反抗或不同意。1歲的寶寶能理解父母跟他說的話，但不能完全聽懂父母之間所說的話。但是父母之間的爭吵寶寶還是知道的，如果爸爸媽媽之間有不同意見，應避免當著寶寶的面爭論。

訓練寶寶的精細動作能力

　　蓋蓋、配蓋訓練。家長可以將家裡用過的一些帶蓋的盒子、瓶子、杯子給孩子當玩具玩。家長先要吸引孩子的注意力，讓他看到你在擺弄這些瓶子與蓋子。同時，一邊對孩子講解一邊示範給孩子看，你是怎麼把一個瓶蓋打開，再蓋上的。隨後，將瓶子和蓋子遞到寶寶的手裡，讓寶寶模仿，教寶寶如何打開，怎樣蓋上。剛開始的時候，寶寶只能拿起瓶和蓋分別玩，然後無意識地相碰，慢慢地就能夠偶爾把瓶蓋放到瓶子口上。

　　當寶寶每一次成功地配上瓶蓋之後，家長要立刻鼓掌，給予讚揚和鼓勵。當他熟悉了這個玩法之後，家長再給他另一個不同的盒子與蓋子，他又會專心致志地打開、蓋上。待他練得熟練後，再給他一些不同大小、形狀的瓶子、盒子、杯子等，放在一起，讓他透過練習配蓋，學習認識不同物體的大小、形狀的差異。寶寶在這種打開、蓋上，以及選擇配蓋的簡單遊戲中，

可以促進他「手—眼—腦」的協調能力快速發展，不僅學會許多操作技能，還可以大大地促進孩子動作智商的發展。

倒豆、撿豆訓練。家長為寶寶準備兩個廣口塑膠瓶子，其中一個放上豆子數粒，讓寶寶練習將豆子倒出。開始時，家長一隻手扶住空瓶，另一隻手稍微扶一下寶寶拿瓶子的那隻小手，幫助孩子將盛豆子的那一個瓶子的瓶口對準空瓶子的瓶口，將豆子往空瓶子裡倒，然後再倒回去。逐漸地將兩個瓶子都交給寶寶拿著倒來倒去，慢慢地就不會撒到外面來了。

再準備兩個小盤和兩個瓶子，讓寶寶把豆子倒進盤子裡，這時寶寶會把注意力放在捏取盤子裡的豆子上。等孩子捏起豆粒之後，再引導寶寶將捏起的豆子裝進瓶子裡，寶寶如果都能放到瓶子裡，就及時給予鼓勵。待寶寶的小手逐漸熟練以後，媽媽可以與寶寶一起撿豆子玩，告訴寶寶與媽媽進行比賽，看看寶寶與媽媽兩個人誰撿得快、裝得快，以提高孩子的興趣。

堆高樓。堆積木是寶寶空間知覺和手—眼—腦協調水準的重要標誌。開始堆時總堆不上，放歪或掉下來，家長在旁稍微扶一下，放一個，要拍手給予稱讚，以增強寶寶堆高樓的興趣和成功的滿足感。讓寶寶自己隨意堆積木，看寶寶堆出來的東西像什麼，幫它取個名作為鼓勵，以發展寶寶的想像力。有了想像的空間，寶寶覺得積木很有意思，就樂意玩積木了。

從開始就要讓寶寶養成遊戲後把玩具收進盒子裡的習慣，讓積木「回家」。收好玩具後請寶寶把盒子放回原處。

投硬幣進存錢筒。存錢筒上有一條窄縫。爸爸為寶寶做一次示範，把硬幣投入窄縫裡，硬幣不見了，用手搖筒子能發出聲音。爸爸再打開存錢筒，把硬幣取走，再搖筒子就沒有聲音了。

爸爸給寶寶一枚硬幣，看寶寶能不能準確地將硬幣投入存錢筒中。寶寶拿著硬幣用食指在筒面上推來推去，硬幣仍在筒子表面上。爸爸再次示範，用食指、拇指捏住硬幣，把硬幣的邊緣插進窄縫裡。這回寶寶首先捏緊硬幣，把硬幣準確地插到窄縫裡去，並且拿起筒子來搖出聲音。爸爸高興地把寶寶舉起並誇他「真棒」。爸爸留給寶寶 3 個硬幣讓他自己練習。

注意：要看好寶寶，不要讓寶寶把硬幣吞下肚，引起嗆噎的危險。在把硬幣給寶寶之前，應把硬幣放在醋裡浸泡 2 ～ 3 小時去掉汙垢，再用洗淨劑清洗乾淨。

投硬幣遊戲讓寶寶的手學會捏穩硬幣，並準確地把硬幣投入窄縫裡，可以鍛鍊手和眼的協調性。

第二節
開發寶寶的右腦：拉著拖車學走路

訓練寶寶的大動作能力

訓練寶寶行走。訓練寶寶獨立行走，有一定的穩定性，如果大人增加一點內容，比如讓寶寶拉著拖車一類的玩具行走，或採用拋球出去，讓他來回撿球，這些都不失為一些訓練寶寶綜合動作能力的方法。

和寶寶在地上玩多種動作遊戲。如與寶寶玩球、踢球等，這樣可鍛鍊寶寶在獨立行走中自如地做各種動作。可讓寶寶推著嬰兒車玩，教他推車前進、轉彎等，還可練習側身走，後退走，大人在一旁保護，並不斷稱讚他走得好棒。

　　自己坐在椅子上。家長需要為孩子準備一張木製的小椅子，椅子背距地面高約為 50 公分；椅子面距地面高約為 25 公分，椅子面寬約為　27 公分；長約 24 公分。在平常日子裡大人與他玩耍時，可以把他抱在上面坐著玩，孩子也可以趴在上面玩，漸漸地他就可以自己坐在小椅子上面了。如果你建議寶寶坐下，你可以發現他常常是先背對小椅子站著，然後轉過頭來看，或在雙腿之間對著看，使自己確定目標。或者，用腿試探出和椅子的距離，先坐在椅子邊上，然後滑過去坐在正位上。當然，張開雙腿坐在椅子上是更進階的方式了，家長應該做好保護，鼓勵寶寶成功地坐在椅子上。

　　玩溜滑梯。選擇只有三、四級的溜滑梯，媽媽扶著寶寶上到平臺，扶寶寶坐下，讓他雙手扶著兩邊的護欄，如果下面無人就可以讓寶寶慢慢向下滑。玩溜滑梯會使寶寶很開心，寶寶會要求再玩。如果玩的人很多，一定要等前面的小朋友滑下、完全離開溜滑梯時才可下滑，不然從上而下的衝力，會使還未離開的寶寶受傷。寶寶從上面滑下來後應當馬上離開溜滑梯，以免受到從上而下的撞擊。

　　溜滑梯一般設在公園和社區的公共空間內，經常會圍著許多孩子，父母既要保護自己的寶寶，也要讓寶寶遵守秩序，使大家都玩得愉快。

訓練寶寶的適應能力

　　認識形狀訓練。過了週歲，父母就該訓練寶寶應開始辨認形狀。大人先做示範：將圓形、方形、三角形的拼板，分別放入相應的洞穴內，然後取出圓形的拼板交給孩子，並示意讓他將拼板放進圓形洞內。孩子開始模仿時可能放不準，往這裡放一下，往哪裡放一下，最後總算放進去了，高興極啦，你隨即誇獎他，鼓勵他，他也十分高興地連拍手帶笑。成功的喜悅會進一步

促使他繼續放方形、三角形，當孩子放不準確的時候，你就幫個忙，協助他，最後總會都放進去。

如果買不到拼板，家長可以用硬紙盒（如點心盒）自己製作，以供孩子練習認識形狀的時候使用。

指認顏色。寶寶最喜歡家裡的遙控器，遙控器大多數是黑色的，寶寶經常拿著玩。有時父母想換頻道，要從寶寶手中把遙控器要過來。父母經常會說：「把那個黑的拿來。」寶寶從父母的表情中知道是要遙控器，他會立即送過來。這時爸爸親親他，寶寶會受寵若驚，在驚喜之餘會記住黑色。爸爸拿出黑色的皮包、黑色的皮鞋、黑色的錄音機說：「這些都是黑色的。」經過反覆練習，讓寶寶學會指認黑色。

認識自己的東西。寶寶的用品要放在固定位置，讓寶寶找自己的毛巾、水杯、帽子等，也可進一步讓寶寶指認媽媽的一、兩種物品。

認識物品。寶寶一起看圖片，讓他熟練說出各種物體的名稱的同時，告訴他每種物品的簡單用途及關係等，並經常帶寶寶出去玩，讓他認識外界的更多的東西。

比誰畫得更長。拿棍子在土地上畫線，比一比誰畫得長。寶寶畫得不直，和大人比就會使他畫得漸漸變直和變長。

訓練寶寶的社交行為能力

照顧娃娃。不論男孩女孩，都喜歡布娃娃或泰迪熊等玩具，他們會像媽媽關懷自己一樣去關懷布娃娃，抱著它拍拍，哄它不哭，讓它睡下，替它蓋上毛巾等。應鼓勵寶寶關心玩具朋友，讓他學會關心別人、照顧別人。有的父母認為男孩子玩娃娃沒有出息，其實在獨生子女的家庭中，寶寶備受關

懷，應當讓寶寶學會關愛別人。應當加倍珍惜寶寶自發的關懷別人的舉動，讓爸爸媽媽和寶寶一起去照顧娃娃，以培養寶寶的愛心。

訓練寶寶學會分享。寶寶長到這個階段，該是告訴他樂於把食物和玩具和其他朋友分享的時候了，比如說，可以跟他講一講小動物分享物品的故事。在家裡來了小客人時，家長可以給他兩份食物，告訴他自己留一份，另一份應該給小客人，並及時誇獎他的這種行為，玩玩具時，應和小客人一起玩，共同分享快樂。如果是到別人家做客，家長最好帶上一些可以分享的東西，讓寶寶送給小主人。

讓寶寶學會獨自玩耍。在大人視線範圍內，為孩子準備他喜歡的玩具如娃娃、汽車、積木等，讓他獨自玩。孩子的玩樂是沒有我們大人那麼強的目的性的，他們只需要體驗快樂情緒，玩具是孩子幻想中的玩伴，在他們看來，玩具和真實的朋友類似。所以在孩子專心致志地獨自玩耍的時候，家長不要驚擾他，也不要破壞其興趣。只需要給予尊重和理解就可以了。但是，當孩子提出問題的時候，家長一定要實事求是地認真回答，不能搪塞或敷衍了事，不能讓孩子覺得自己是孤單的，而是讓孩子感覺到自己可以隨時得到大人的關心和幫助。

玩水。寶寶可以隨時玩水，在家裡可以利用洗澡時玩水。媽媽把塑膠碗、空瓶子、玩具鴨等放在澡盆裡，讓寶寶一面洗澡一面玩水，寶寶可以用瓶子倒水，把水從瓶子裡倒進碗裡，再將碗裡的水倒入瓶中。在澡盆裡，不怕把水灑出來，還可以用手把水澆到鴨子身上，用肥皂替鴨子洗澡，用毛巾把鴨子擦乾等等。如果天氣溫暖，寶寶可以洗半個小時，如果害怕水冷了，可以用毛巾把寶寶包裹著抱到媽媽懷裡，媽媽用另一手添加熱水，使水的溫度適合，寶寶一面玩一面跟媽媽說話。有些爸爸喜歡和寶寶一起洗澡，互相

潑水，互相打打鬧鬧使寶寶很快樂。冬天洗澡時最好不玩水，以避免著涼。

挑哭笑臉。用紙畫兩張臉，一張是笑臉，另一張是哭臉。媽媽問寶寶「誰在哭？」讓寶寶找出哭臉；又問「誰在笑？」讓寶寶找出笑臉。讓寶寶裝一個哭臉，看寶寶裝得像不像。

如果寶寶裝得不像，媽媽裝一個哭臉給寶寶看，讓寶寶照著做一次。

再讓寶寶裝一個笑臉，寶寶可以裝得很像，因為寶寶也覺得很好笑。

學會裝不同表情的臉，是讓寶寶學會看人的表情，透過面部的表情推測別人在想什麼，是高興還是不高興，從而糾正自己的行為，這是與人相處所必需的。

第三節
為寶寶左右腦開發提供營養：飲食習慣很重要

培養健康飲食習慣

1 歲以後，幼兒的飲食習慣發生變化，對飲食開始挑剔，進食非常容易受外界因素影響，任何聲響，任何事情，都能讓寶寶停下來看一看，聽一聽；即使沒有什麼影響，寶寶也可能會停下來玩一會兒，會把媽媽餵到嘴裡的飯菜故意吐出來，或嘟嘟地吹泡泡玩。這些都是這個年紀的寶寶常有的現象。

所有的爸爸媽媽都希望孩子不挑食，但寶寶天性，好吃或難吃總是分得無比清楚，越長大，他的這種意識就越清晰。於是，我們就要在孩子剛接觸各種食物的時候，幫助他習慣、適應甚至是喜歡上一種健康的飲食生活。具體怎麼做？有以下幾點方法可供參考：

1、媽媽不挑食

在孩子成長的過程中，父母首先要以身作則，自己保持一個良好的飲食習慣。如果你們不挑剔蔬菜的味道，什麼都吃，常常吃一些原型食物，在飯桌上準備足夠而適量的魚、肉，孩子就會把這樣的飲食習慣看作自然而然，而不會產生挑食的模仿效應了。

2、讓牛奶成為日常

研究發現，絕大多數孩子每天不能攝取足夠的牛奶。兒童時期是骨骼發育的關鍵時期，孩子每天需要大概兩杯牛奶，來幫助骨骼的強健。專家還建議，在孩子兩歲之後，就可以用低脂牛奶來代替全脂牛奶給孩子喝。如果孩子不願意，你可以告訴他，喝低脂牛奶為的是不使他發胖，使他能跑得快跳得高。

3、豐富的食物，豐富的口味

大多數孩子開始接觸固體食物是從 6 個月開始的。當你開始替孩子添加副食品的時候，要按照規則，等孩子接受了一種食物，再添加下一種，這為的是觀察一下孩子是否對某些食物有過敏反應。不過，當孩子能夠接受一種食物之後，父母千萬不要害怕繼續擴大孩子接觸食物的範圍。孩子在小的時候接觸越多口味、各種氣味、不同口感的食物，對他們將來對食物的接受性越有幫助。

4、拒絕含糖飲料

兒童時期的肥胖似乎不能歸咎於任何一種食物的影響，但專家們嚴肅地指出：那些五顏六色的無比誘人的甜甜的碳酸飲料，其實正在衝擊著孩子的生活，這就是最大的問題所在。父母可以自己榨一些百分百的鮮果汁給孩

子。對於 6 歲以下的孩子，可以每天給他們喝 110 ～ 170cc 鮮果汁，6 歲以上可以每天喝 340cc。為了沖淡其中的甜味，你也可以把鮮果汁中加上水。當然，最好的解渴飲品其實還是白開水。

5、吃東西要有規律

孩子一天到晚吃東西，就會使他逐漸喪失感覺「餓」的能力。他覺得無聊了吃東西、覺得緊張或煩躁了吃東西、玩的時候吃東西、在路上吃東西……這種習慣不僅會導致孩子發胖，還會使他因為不正常的吃飯而營養不良。

1 歲左右的孩子，應該每天吃二餐、兩次點心，每餐之間相隔 3 ～ 4 小時。這時候是孩子身體結構旺盛發育的時期，所以每天要按時按頓按量（或適量）給孩子吃東西。

6、抵抗壓力

孩子逐漸長大，逐漸會接觸到更多的人：鄰居、親戚、朋友等等。即使在你自己的家裡堅持著健康的飲食習慣，那些「垃圾食物」對孩子的誘惑還是無處不在。大人會用糖來哄小孩，小朋友手中有顏色的水很吸引人，速食廣告的形象讓孩子喜愛。非健康飲食的壓力真的很大。首先，父母們可以盡量向親友說明自己的原則，請他們不要用這些東西來哄孩子，也不要在孩子面前強調這些東西有多好吃。另外，盡量讓孩子吃過飯後，再和其他小朋友一起玩，吃飽後的肚子總是對誘惑少了幾分熱情的。接著就是，要耐心且溫和地告訴孩子為什麼不能吃那些垃圾食物，用的語言和道理都要盡量簡單易懂，不要怕小寶寶聽不懂你的話，久而久之，他就能聽懂，並且形成自己的潛意識，幫助他來抵抗誘惑、判斷自己的飲食選擇了。

掌握制定食譜的 8 個原則

1、注意攝取奶類食品

1 歲以後的寶寶，剛剛斷奶甚或沒完全斷奶。雖然，寶寶（寶寶食品）吃的食物已經和大人一樣了，但牙齒尚未發育完全，咀嚼固體食物（特別是肉類）的能力有限，限制了蛋白質的攝取。因此，1 歲以上的寶寶，不一定非要從固體食物中攝取足夠的蛋白質，飲食上還應該注意攝取奶類，奶類食品仍是他們重要的營養（營養食品）來源之一。美國兒科學會建議，奶類與固體食物的比例應為 4：6。每天，應該提供給寶寶奶類 500 毫升。

2、食物種類要多樣化

寶寶 1 歲後，母乳不再是他們的主食了。可是，他們的身體生長發育仍然需要多種營養素，這就必需得從多種多樣的食物中攝取。各餐的食物搭配要合適，有固體有液體，有葷有素，飯菜要多樣化，每天不重複。比如，主食輪流吃稀飯、麵條、饅頭、包子、餃子、餛飩、發糕、芝麻花捲、菜捲等，注意利用蛋白質互補作用，用肉、豆製品、蛋、蔬菜等混合做菜，一樣炒青菜裡可同時放兩三種蔬菜，也可用幾種菜混合作餡，還可在午餐或早點吃些蒸紅蘿蔔、滷豬肝、豆製品等。以刺激寶寶的食慾，對食物產生吃的興趣。

3、合理安排各餐營養素比例

按照早餐要吃好，午餐要吃飽，晚餐要吃少的營養比例，把食物合理安排到各餐中去。各餐占總熱量的比例，早餐占 30%，午餐占 40%，晚餐占 30%。為了滿足寶寶上午活動所需熱量及營養，早餐除主食外，還要加些奶類、蛋類和豆製品、青菜、肉類等食物，午餐的進食量應高於其他各餐。因

為，寶寶已經活動了一上午，下午還有更長時間的活動。

4、食物宜軟、爛、碎

隨著年齡增長，寶寶的牙齒逐漸長齊了，但腸胃消化能力還相對較弱。因此，食物製作上一定要注意軟、爛、碎，以適應寶寶的消化能力。

5、注意增加每天的餐次

寶寶的胃要比成年人小，不能像大人那樣在一餐中進食很多。可寶寶對營養的需求量卻比大人多，因此，每天用餐次數不能像大人那樣以一日三餐為標準，應該用餐次數多一些。　般來講，1－1歲半的寶寶，每天用餐5－6次，即早、中、晚三餐加上午、下午點心各1次。在臨睡前增加1次晚點心，但3次加餐的點心不宜太多，以免影響正餐。

6、食物保持清淡無刺激口味

不能根據大人口味喜好來為寶寶做食物。應該以天然、清淡為原則，添加過多的鹽和糖都會使寶寶的腎臟負擔增加，損害功能，並養成日後嗜鹽或嗜糖等不良習慣；更不宜添加調味品、味精及人工色素等，這樣會影響寶寶的健康。

7、寶寶與家人一起規律用餐

如果讓寶寶與家人一起用餐，不僅可使他們獲得必需的營養，同時還可和大人的交談中學到均衡營養的常識，以及怎樣去與別人分享食物。

8、媽咪注意飲食烹調的方法

烹調時，不僅要注意適合寶寶的消化功能，即細、軟、爛、嫩，還同時應注意固體液體、甜鹹、葷素之間的合理搭配，注意食物的色、香、味，以

此提高寶寶的食慾。

寶寶斷奶後每日應攝取的食物

在給寶寶每天吃的食物中，要能夠滿足寶寶每天所需的熱量和各種營養素。各種營養素之間的比例也要適當，才能保證寶寶生長發育的需求，這就需要替寶寶制定一個飲食平衡的計畫，均衡地搭配各種食物之間的比例。現在還沒有哪一種食物能完全滿足寶寶的全部營養需求，它們總是含這個營養素多一點，又缺少那個營養素，如果把多種食物互相搭配起來混合吃，食物之間截長補短，互補有無，寶寶的營養就能得到滿足了。

兒童的食物大致包括以下 6 類：

1. **澱粉類的食物**：如穀類、薯類（含澱粉多的蔬菜有馬鈴薯、地瓜、芋頭、南瓜等），這類食物是醣類和植物蛋白的主要來源，也是維他命 B 的來源。

2. **奶類和奶製品類**：如奶粉、牛奶、優酪乳等，是優質蛋白、葉酸、鈣、維他命 B1、維他命 B12、維他命 A 的豐富來源。

3. **蛋白質類食品**：優質蛋白、微量元素、維他命 B 等主要是從肉、禽、魚、蝦、蛋、豆類食品中獲取的。

4. **蔬菜類**：黃紅色蔬菜、深綠的蔬菜、瓜果含有豐富的維他命 C、維他命 A 和葉酸。

5. **水果類**：水果是維他命、礦物質和食物纖維素的來源。

6. **油脂類**：油脂類主要包括豬油和植物油，其中以植物油為好，它的主要作用是供給熱量和維他命 A、維他命 D、維他命 E。

寶寶在 1～2 歲的時候，每天的飲食中這 6 類食物的大致需求量是：奶

類 250 毫升，蛋白質類食物 50 克，蔬菜類 150 克，水果類 75 克，澱粉類 200 克，油脂類 15 克。各類食物的品種可根據市場季節供應情況進行調整。可以每週做個簡單的飲食計畫，做到買菜時心中有數，從而落實寶寶的飲食平衡的計畫。

第四節
適合寶寶左右腦開發的遊戲：小花貓鑽山洞

跟著爸爸一起走

遊戲目的

鍛鍊行走能力。寶寶行走能力的發展和其他動作發展一樣，經歷著既有連續性又有階段性的過程。這個遊戲的作用在於進一步鍛鍊寶寶雙手、雙腿動作的協調性、隨意性和靈活性。在迅速發展的今天，高 IQ 並不能代表成功，我們要重視對寶寶良好社會情感的培養──具備高度 EQ 才是走向成功的保證。

遊戲準備

寶寶和爸爸一起脫去鞋子，在地板或地毯上玩。

遊戲步驟

1. 直立走：爸爸雙腳稍分開站立，寶寶面對爸爸，雙腳踩在爸爸腳背上，雙手抱著爸爸腿。爸爸往前走，寶寶隨之向後退；爸爸向後退，寶寶隨之向前行。

2. 仰著走；爸爸雙腳稍分開站立，寶寶面對爸爸，雙腳踩在爸爸腳背上，雙手拉著爸爸雙手，身體往後仰。寶寶跟著爸爸走，爸爸轉圈，寶寶也跟著轉圈。

遊戲提醒

爸爸移動腳步的幅度要小，以免寶寶跟不上而跌倒。

背狗狗

遊戲目的

鍛鍊寶寶協調能力。這個遊戲能夠鍛鍊寶寶的感覺協調能力。寶寶感知的發展趨勢是逐漸趨向組合與協調，對不同感覺訊息的分析和轉化能力是寶寶感智能力提高的標誌。嬰兒時期的智力是「感知運動智力」，如果寶寶不具有良好的空間知覺能力，就會影響到寶寶將來的發展和生存。

遊戲準備

家中或室外較大的遊戲空間。

遊戲步驟

1. 爸爸把寶寶背在背上，走來走去，一邊搖晃，一邊哼著歌謠：「背狗狗，背狗狗，背在背上熱呼呼，誰買，快來買。」媽媽說：「不買。」
2. 爸爸繼續走來走去，一邊搖晃，一邊哼著歌謠：「背狗狗，背狗狗，背在背上熱呼呼，誰買，快來買。」爺爺說：「沒錢買。」
3. 奶奶把寶寶抱過來：「人家不買我要買，好乖乖，奶奶最喜歡。」拍拍寶寶小屁股，親親小臉蛋。

遊戲提醒

不要給寶寶穿有釦子或拉鍊的衣服，以免滑動時擦傷寶寶皮膚。

小花貓鑽山洞

遊戲目的

鍛鍊爬行。1歲寶寶爬行的水準，直接影響到他行走和站立能力的發展。而且，變換身體方位和空間感覺的爬行遊戲有助於豐富寶寶的空間知覺，為寶寶視覺空間智能發展奠定基礎。視覺空間智能高的人，通常有較好的方向感、空間感。在職業表現上通常多從事設計類的工作，如建築師、室內設計師、服裝設計雕塑、攝影師等。

遊戲準備

家中乾淨的地板。

遊戲步驟

1. 爸爸膝蓋著地，手撐地，搭成一個「山洞」。
2. 在爸爸身體的一側堆放一些玩具，鼓勵寶寶鑽過「山洞」，向前爬，拿回玩具。寶寶拿到玩具後，鼓勵寶寶「往回爬」，把玩具交給媽媽。
3. 寶寶鑽過「山洞」時，爸爸、媽媽為寶寶歡呼。寶寶為媽媽拿回玩具。媽媽要及時給予鼓勵。

遊戲提醒

1. 可以在地面鋪上小毛毯或其他柔軟的織物，以免地板太硬，寶寶覺得不適。
2. 對不愛爬的寶寶，爸爸、媽媽可多與寶寶展開親子競技互動遊戲，提高

寶寶爬行興趣，培養寶寶鑽、爬的能力。

小手抓球球

遊戲目的

鍛鍊寶寶的抓握能力。1 歲寶寶手指抓握能力還很差，這個遊戲可以幫助寶寶提高抓握力和動作的準確性，達到刺激大腦發育的目的。意志是高度發達的主觀能動性的反映，堅持性是寶寶意志發展的主要指標，意志力鍛鍊可以防止任性等不良狀況的產生。

遊戲準備

一些五顏六色的玻璃彈珠或鵝卵石、兩個塑膠小碗。

遊戲步驟

1. 媽媽先向寶寶做示範，把玻璃彈珠從一個碗裡抓到另外一個碗裡。
2. 寶寶用小手抓玻璃彈珠，從一個碗裡抓到另一個碗裡，中途不要掉。掉了也不要責怪寶寶，一定要說：「寶寶真棒，沒關係！」
3. 開始時把兩個碗放近一些，可逐漸加大兩個碗的距離，增加遊戲難度。
4. 鼓勵寶寶左右手輪換抓。

遊戲提醒

1. 一定要告訴寶寶：玻璃彈珠（鵝卵石）不能放進嘴裡。
2. 遊戲過程中要時刻注意寶寶的舉動，千萬不能讓寶寶獨自玩這個遊戲，以免發生危險。

我讓爸爸當飛機

遊戲目的

提高適應能力。1歲左右的寶寶，需要更多的身體感覺經驗，多和寶寶進行簡單易行的遊戲，可以豐富寶寶的身體感覺經驗。積極的早期體驗和互動影響著寶寶的情感發展，簡單的合作遊戲，對寶寶從小建立合作意識、團隊精神大有益處。

遊戲準備

床上、地板上。

遊戲步驟

1. 爸爸蹲下，媽媽幫助寶寶騎到爸爸肩上。媽媽在旁邊保護寶寶。
2. 爸爸抓住寶寶的雙手說：「飛機就要起飛了，請小朋友坐好。這位小朋友要去哪？」
3. 爸爸慢慢站起，在地上轉一兩圈，說：「飛機降落了，請小朋友下飛機。」
4. 遊戲時可以說出一個親屬所在的地名，加入一些對話，增加寶寶對語言、聲音的刺激和感受，加快寶寶語言能力的發展。

遊戲提醒

1. 開始遊戲時，要幫助寶寶克服對高度的恐懼，等寶寶基本適應後，再開始遊戲。
2. 爸爸起身和轉圈的幅度要小一點，注意寶寶的反應。

酸和甜，嘗一嘗

遊戲目的

　　味覺訓練。這個遊戲透過讓寶寶品嘗、分辨不同食物的味道，豐富寶寶的味覺體驗，提升寶寶的感覺智能。

遊戲準備

　　西瓜汁、醬油、檸檬汁各少許（也可以是醋、鹽、糖等），3 個透明的玻璃杯，3 根筷子。

遊戲步驟

1.　分別在 3 個透明玻璃杯裡倒入西瓜汁、醬油和檸檬汁。
2.　讓寶寶觀察 3 個杯子裡出現的不同顏色。
3.　媽媽用筷子沾少許西瓜汁讓寶寶嘗嘗，告訴寶寶：「這是西瓜汁，是甜的。」
4.　再沾一點醬油讓寶寶嘗嘗，告訴寶寶：「這是醬油，是鹹的。」
5.　沾少許檸檬汁讓寶寶嘗嘗，告訴寶寶：「這是檸檬汁，是酸的。」

遊戲提醒

1.　盡量不要提供給寶寶刺激性太強的食物。
2.　給寶寶品嘗時，沾取少量液體即可。
3.　杯子和液體一定要保持乾淨、衛生。

快樂泡澡

遊戲目的

透過與水、球等物品接觸，讓寶寶體驗觸覺感受，並啟發寶寶對數與量的基本認知，從而提高寶寶的左腦數學能力。

遊戲準備

準備浴缸、塑膠球。

遊戲步驟

1. 讓寶寶先進入浴缸，再將溫水注入浴缸，然後將一顆顆球放入浴缸中，讓寶寶體驗玩水的樂趣及觸覺刺激，感受浴缸從沒有任何東西到有水、有球的變化。

2. 爸爸、媽媽將球放進浴缸的同時，可以報數，讓寶寶對數與量有最基本的認知。

遊戲提醒

讓寶寶感受玩水的樂趣。

三指捏小球

遊戲目的

訓練寶寶手指運動的精確度。這個時期的寶寶對什麼事都很好奇，喜歡自己動手，但是小手還缺乏準確性。捏光滑的球，可提高寶寶手指捏東西的精確度、力度及手眼協調運動能力。這個遊戲可以讓寶寶的手指更加靈活，動作更加精確。

第一章　寶寶 13～14 個月：走路的本領越來越厲害

遊戲準備

一盒玻璃跳棋。

遊戲步驟

1. 讓寶寶先練習用三個手指捏住玻璃跳棋，把棋子一個一個擺放在棋盤上。
2. 告訴寶寶棋子「會跳」，在棋盤上練習用兩個手指捏住玻璃跳棋移動位置。

遊戲提醒

和寶寶一起玩的時候除了要有耐心外，還要有一顆童心，同時還要不斷豐富自己的知識，學會用寶寶的思考模式來玩和解決問題。

帽子你戴我也戴

遊戲目的

訓練寶寶的顏色識別能力。顏色視覺是寶寶對光譜上不同波長光線的辨別能力，寶寶的三色（紅、綠、藍）視覺很早就有發展。1 歲多以後，基本能認識和準確指出紅、綠、藍、黃、黑、白 6 種顏色。1 歲 4 個月時，基本能說出 6 種顏色的名稱。

遊戲準備

紅、黃、藍、綠、黑、白色的彩紙各 2 張。

遊戲步驟

1. 媽媽用色紙折成紅、黃、藍、綠、黑、白 6 種顏色的帽子。

2. 媽媽戴上紅帽子，示意寶寶也戴。依次進行。

3. 媽媽說：「紅帽子。」寶寶按照媽媽指令找出紅帽子，並戴上。

遊戲提醒

1. 選用的色紙要軟韌，不要選擇硬、脆的紙張，以免劃傷寶寶。

2. 寶寶對顏色認識不清或因緊張指認錯誤時，媽媽千萬不能著急，更不能責怪寶寶。

手指頭會唱歌

遊戲目的

歌謠配合手指動作，鍛鍊寶寶手口一致的動作能力，提高其大腦反應能力。歌謠的節奏感非常強，經常配合遊戲唱歌謠，可以豐富寶寶的音樂感智能力，這種能力將會影響寶寶體驗美、創造美的能力。

遊戲準備

室內、室外適宜的遊戲環境。

遊戲步驟

1. 媽媽把寶寶摟在懷裡，攤開寶寶小手，一個一個點寶寶的手指頭，一邊唱歌謠：「大拇哥，二拇弟，中三娘，四兄弟，小妞妞，來看戲，手心手背，心肝寶貝。」

2. 左右手交替進行。

3. 還可以讓寶寶的雙手交叉握在一起，幫助寶寶做手指抬起的動作：「大拇哥跳一跳，二拇弟跳一跳，中三娘跳一跳，四兄弟跳一跳，妞妞出來了，大氣球爆炸了，嘩啦啦，嘩啦啦。」

4.　說到「大氣球爆炸了」時，打開寶寶雙手，做「嘩啦啦」的動作。

遊戲提醒

1.　遊戲前，媽媽要把手洗乾淨，剪好指甲，以免劃傷寶寶嬌嫩的皮膚。
2.　媽媽平時要經常播放旋律優美、節奏鮮明、輕柔的樂曲，培養寶寶的音樂感智能力。

第五節
13 ～ 14 個月智能開發效果測驗

13 ～ 14 個月寶寶的智能測驗

1.　從雜色積木和珠子之中挑出紅色的積木和紅色的珠子：

A、出 2 種（10 分）

B、挑出 1 種（5 分）

C、不會（0 分）

以 10 分為合格

2.　將環套入棍子上：

A、套入 5 個（10 分）

B、套入 4 個（8 分）

C、套入 3 個（6 分）

以 10 分為合格

3.　正著看書，從頭起，翻開，翻頁，合上：

A、做對 4 種（12 分）

　　　B、對 3 種（9 分）

　　　C、對 2 種（6 分）

　　　D、對 1 種（3 分）

　　　E、會翻頁（記 15 分）

　　　以 9 分為合格

4.　用積木堆高樓：

　　　A、搭兩塊（8 分）

　　　B、搭一塊（4 分）

　　　C、將積木放回盒內（每塊 1 分）

　　　以 10 分為合格

5.　用棍子構取遠處玩具：

　　　A、能夠拿到（9 分）

　　　B、推得更遠（6 分）

　　　以 9 分為合格

6.　別人叫自己名字：

　　　A、會走過來（8 分）

　　　B、轉頭看不走動（4 分）

　　　以 8 分為合格

7.　稱呼家人：

　　　A、5 人（15 分）

　　　B、4 人（12 分）

　　　C、3 人（9 分）

　　　D、2 人（6 分）

以 12 分為合格

8.　哄娃娃別哭，餵他 / 她吃飯，蓋好被子睡覺：

　　A、3 樣（10 分）

　　B、2 樣（7 分）

　　C、1 樣（3 分）

　　以 10 分為合格

9.　用手能力：

　　A、會用食指拇指拈取食物（4 分）

　　B、大把抓（2 分）

　　以 4 分為合格

10.　自己走穩：

　　A、10 步（12 分）

　　B、5 步（10 分）

　　C、3 步（4 分）

　　以 10 分為合格

11.　扶欄上小溜滑梯，雙足踏 1 臺階，扶住坐下，扶欄滑下：

　　A、3 項（10 分）

　　B、2 項（7 分）

　　C、1 項（3 分）

　　以 10 分為合格

12.　踏上板凳，爬上椅子，再上桌子，取得玩具：

　　A、做到 4 項（8 分）

　　B、做到 3 項（6 分）

　　C、做到 2 項（4 分）

　　D、做到 1 項（2 分）

以 6 分為合格

結果分析

1、2 題測定認智能力，應得 20 分；

3、4、5 題測手靈巧，應得 28 分；

6、7 題測定語言能力，應得 20 分；

8 題測社交能力，應得 10 分；9 題測定自理能力，應得 4 分；

10、11、12 測運動能力，應得 28 分，共計可得 110 分。90～110 分為正常範圍，120 分以上為優秀，70 分以下為暫時落後。

第一章　寶寶 13～14 個月：走路的本領越來越厲害

寶寶 15 ～ 16 個月：
哼哼兒歌惹人愛

第一節
開發寶寶的左腦：「堆高樓」、「接火車」

訓練寶寶的語言能力

　　會說自己的小名。大人問寶寶叫什麼名字，寶寶會說出自己的小名。有時他會很強調自己的意願，就會說「寶寶要」等。他知道名字代表自己，有些寶寶雖然還說不出來，但聽到別人叫自己名字會有所表示。如在幼兒園教師點名時，被點名的寶寶會小聲跟著說自己的名字，有些會舉起手來。如果教師要求說「有」，寶寶們也會很快學會。

第二章　寶寶 15～16 個月：哼哼兒歌惹人愛

愛聽自己小時候的故事。媽媽拿起寶寶的相冊，和寶寶一起回憶寶寶小時候的故事。例如寶寶正在翻身、寶寶學坐、寶寶學爬、寶寶和爸爸媽媽去動物園等等。寶寶會很快指著某張照片說「寶寶爬、寶寶走」等。寶寶認識自己的形象，也知道一些動作的詞彙，就能把名字加動作組成短句。

不過有些寶寶仍處在沉默期，還未能說話，爸爸媽媽要耐心等待，只要寶寶能聽得懂，過幾個月才學會說話也很正常。

教寶寶說句子。1 歲以前，寶寶學的是「樹」、「狗」等一些單字，1 歲以後，寶寶會說長一點的句子了，如，「好大的樹」、「一隻小狗」等。家長可以在寶寶已經弄懂這些短句的基礎上，再加入一些新詞彙來延伸連接出更長的句子，讓寶寶練習比較複雜的句子。

聽從吩咐。這個時期孩子的特點是喜歡做，不肯閒著，喜歡被稱讚。家長要根據這些特點，每天給孩子一些展示自己才能的機會，吩咐他做些小事。透過完成一些動作，發展寶寶的語言，如「給媽媽打開門」、「給爸爸把帽子拿來」、「給娃娃洗洗臉」、「給小兔子餵點草」等等。每當按吩咐做完一件事後孩子都會感到很高興，家長此時也要及時給予讚美。

哼哼短曲。寶寶喜歡看電視中的某一段廣告，尤其是有小孩參與的廣告。每當電視播放廣告的音樂時，寶寶馬上走到電視機前，嘴裡哼哼這段音樂。多看幾遍廣告，寶寶還會跟著說廣告中的幾句話，如：「我愛我的果汁，我喜歡！」寶寶會跟著說「我喜歡」。寶寶可以跟著電視學說話，說明這個時期寶寶快要「開口」了。

訓練寶寶的精細動作能力

按大小套上套塔。寶寶在 9 個月時會不按大小把塔套上。現在寶寶知道

了大小，可以把玩具找出來重新再玩。這回要求寶寶把套圈全拿下，如果套塔的中柱是下大上小的，一定要先套大的，再逐個套小的。如果中柱是上下一般大，有兩個辦法去套，可以從大到小，也可以從小到大去拿，要求套進去後，塔的側面摸起來是平整的，不能高低不平。如果不按大小順序亂套就會不平整，要重新再來，直到平整為止。爸爸媽媽可以在旁邊做事，讓寶寶自己練習。

用大鑰匙開鎖。可以買玩具鎖，也可以用家中的大鎖作玩具用。寶寶早就對鑰匙感興趣了，每次媽媽進門都要用鑰匙在鎖裡轉轉。寶寶也很想有把鑰匙，自己能打開鎖。媽媽先示範，把鑰匙塞進鎖孔裡，塞到盡頭，然後輕輕一轉，鎖就打開了。然後，媽媽把鑰匙交給寶寶讓他自己把鑰匙塞進鎖孔裡，告訴他要塞到盡頭才可以轉動。有時寶寶把鑰匙插歪了，要拔出來，重新再插，插直才能到底，然後轉動。寶寶打開了鎖，就特別興奮，自己要求多次練習。媽媽可以做別的事，讓寶寶獨立操作。寶寶可以安靜地玩上十幾分鐘，這些都是鍛鍊手眼協調，同時又訓練注意力的遊戲。

用棍子取物。有時寶寶的玩具滾到床底下或桌子底下，寶寶經常會爬進去把玩具取出，媽媽可以教寶寶用棍子把玩具撥出來。媽媽可以把棍子給寶寶，讓他試試。寶寶把棍子對準玩具，也許反而會把玩具推得更遠。

媽媽要給予示範，把棍子伸到玩具後面，向自己的方向用力撥，才能把玩具撥出來。經過練習，寶寶學會了用棍子取物的方法，以後玩具掉到桌子下或床下，就不必爬進去拿，只用棍子撥就可以了。寶寶學會了用工具代替自己的身體，如同動物和人類的區別是是否會用工具一樣，在智力上起了質的變化。

擺積木。能自己用 3 ～ 4 塊積木「堆高樓」，或排 5 ～ 6 塊「接火車」。

大人不在時能自己玩 1 ～ 2 分鐘。

第二節
開發寶寶的右腦：一步一個臺階

訓練寶寶的大動作能力

爬臺階（樓梯）。如寶寶行走比較自如，可有意識地讓寶寶練習自己上臺階或樓梯，從較矮的臺階開始，讓寶寶不扶人只扶物自己上，逐漸再訓練自己下樓梯。

學跑。寶寶走路較穩後，就開始小跑。有爸爸媽媽在身旁時寶寶敢小跑，自己走路時，寶寶就不敢跑，除非前面有扶的東西寶寶才敢跑。

因為寶寶不會自己停止跑步，跑步時寶寶的身體和頭都向前，身體的重心在前方，突然停止跑步會向前摔倒。如果爸爸媽媽在旁邊，寶寶可以隨時扶著爸爸媽媽而停止。如果前面有目標物，如一張桌子，或一根柱子等，寶寶到了目的地就可以扶住目標物而停下。所以在寶寶學跑時，父母要教寶寶不可以跑得太快，快要停止之前慢跑，並把身體站直，抬起頭來，使身體保持直立平衡，這樣就不會向前摔跤了。

跑步說來簡單，做起來就不容易了。因為跑步對寶寶來說是新的功課，可以先讓寶寶在前後兩處都有目標物的地方練習，使他熟練地跑步。然後對著一面有目標的地方練習跑步，爸爸媽媽在旁邊喊口令指揮，讓寶寶放慢速度，挺起上身，最後停止。經過多次練習，有過自己停止的經驗，寶寶就敢自己跑步了。

　　走上斜坡。寶寶走得穩後，可以學走斜坡。坡度不宜大於 30 度，如果家裡有木板，可以自己搭一個斜坡讓寶寶練習。開頭媽媽可以帶著他上斜坡，讓他學會把身體輕度向前傾，使身體在斜坡上仍與地面垂直穩住重心。如果寶寶仍然挺直身體，在斜坡上重心向後，就會仰面倒下。寶寶在家中學會走斜坡後，父母可以帶他練習爬小山坡。可以到公園或郊區去玩，盡量找斜度不大的小山坡讓寶寶練習。郊外的練習會更加有趣，當寶寶自己走上一個小山坡時就有了成功的喜悅，下次更願意上高一點的山坡。

　　學跳。寶寶很喜歡學跳，會經常找到有臺階的地方從高處跳下。爸爸媽媽拉著寶寶的手，喊口令：「一、二、三，跳！」讓寶寶從最低一級臺階往下跳。喊口令是讓寶寶與爸爸媽媽都同時用力。在散步時，爸爸、媽媽也可以各牽寶寶一隻手，喊口令：「一、二、三，跳！」爸爸媽媽和寶寶一起向前跳，讓寶寶學會在平地上向前跳。兩個人牽著寶寶的手跳更應聽從口令，否則一人用力，另一人不動，用力一方牽拉力量過大會使寶寶的手腕脫臼。

　　這兩種跳法都需要父母牽著寶寶練習，因為寶寶還不會自己使力讓身體離開地面然後自己站穩。必須經過一個階段的練習，寶寶才能學會著地時保持身體平衡。

　　擲球訓練。爸爸、媽媽各站一方，寶寶向爸爸拋球之後，向後轉才能向媽媽拋球。起初球不能拋到目的地，因為寶寶手眼不協調。經過練習才能拋得略為準確。最後爸爸改變方向，再讓寶寶向右轉，向爸爸站的方向拋球。經過練習寶寶基本上學會了朝一定的方向拋球，並知道在向誰拋球。

訓練寶寶的適應能力

　　看圖畫書。可以把書交給寶寶，由他自己去翻書看書。當然，家長應幫

助他，用簡潔明確的語言講一些與書相關的事情，還可以邊講邊發問。寶寶會有凝神貫注的初步表現，並樂意回答簡單的問題。我們把用這種方式的時期叫做「閱讀準備期」。

模仿遊戲。繼續和寶寶玩各種模仿遊戲。如擦桌子時給他一塊小布模仿。能和大人邊做邊玩，家長邊做邊講。並提供條件讓寶寶做生活模仿遊戲，如餵布娃娃吃飯，替娃娃蓋被子等，從而培養寶寶的社會適應能力。

洗手。準備布娃娃及手帕一條。大人出示布娃娃說：「乖寶寶，布娃娃要吃飯了，我們先給他洗洗手。」這時可啟發小朋友伸出手作洗手狀，與布娃娃比一比誰的手洗得最乾淨。同時要小朋友模仿說「手」的詞音。

知道找動物的特點。寶寶最先知道的是動物的特點，如兔子有長耳朵、大象有長鼻子、長頸鹿有長脖子等，寶寶是經常透過特點來認識動物的。爸爸媽媽給寶寶看圖片時，除了讓寶寶說出動物的名字外，還應該說出它的特點。在找特點時一定要仔細看它的每一部分，它的五官、軀幹和四肢。寶寶還不知道許多動物的特點，如許多動物有的有尾巴、有的有鬍子、有的有翅膀、有的有鱗和鰭等。有時還要與相似的動物比一比寶寶才能認識動物的特點。例如鴨和鵝很像，只是鵝大一點兒，而且鵝的頭上有高起來的部分。應該經常讓寶寶看不同的動物圖片，以增強寶寶的觀察力。

認白色。寶寶能分清紅色和黑色是，就可以學認白色了。家中白色的東西很多，如白色的紙、白色的襯衫、白色的襪子等。可以讓寶寶在玩具中找出白色的東西來，也可以讓寶寶把三種認識的顏色擺在一起，進行分辨。

訓練寶寶的社交行為能力

上街買菜。許多媽媽都會讓寶寶坐在推車內帶著寶寶去菜市場。菜市場

是寶寶學習的好地方，媽媽千萬不要把寶寶留在小車上，讓寶寶和買來的菜一起被推回家。寶寶在車上什麼也看不清，乾脆就睡著了，白白浪費了大好的學習機會。如果媽媽把車收起來，帶著寶寶，邊看邊說：「這是大白菜，這是菠菜，這是番茄。」會讓寶寶大開眼界。每次不必認太多種類的蔬菜，但寶寶可以看人們如何交談，怎樣討價還價、付錢取物等。如果寶寶累了就坐在車上，如果可以走一段路，就和媽媽走一會兒。一面走，一面看街上的景物，使寶寶熟悉道路的情況，為以後認路回家做準備。

與父母一起遊戲。媽媽和寶寶都坐在鏡子的前面，兩人一同按照口令指身體部位。如媽媽說「脖子」，媽媽和寶寶都指著自己的脖子，媽媽再說「肩膀」，寶寶本來不知道哪裡是肩膀，從鏡子裡看到媽媽的手指向肩膀部位，自己也趕快跟著指。有時寶寶指得不對，寶寶的手指著手臂，媽媽趕快協助寶寶改正。不過每次只能讓寶寶學指 1～2 個新的部位，不宜太多，以免寶寶感到太難。但是如果寶寶指著某個部位問是什麼，媽媽應馬上告訴他，因為他能記住自己想學的部位。親子遊戲的辦法讓寶寶既高興，又能學到知識。爸爸回來後可以讓寶寶在爸爸身上或者在玩具熊身上指部位，父母都可以參加遊戲。和父母一起遊戲可以培養寶寶合群、開朗的個性，有利於他與其他人相處。

學會體諒別人。爸爸媽媽帶寶寶上街時，寶寶總是纏著爸爸媽媽要抱，不肯自己走路。這時要用遊戲的辦法讓寶寶自己走，例如，和寶寶談條件，答應寶寶自己走到前面一棵樹時讓爸爸抱一會兒。爸爸可以先走到那棵樹旁邊，讓寶寶明確目標。媽媽指著爸爸說：「快走過去，爸爸在等呢！」寶寶果然往爸爸的方向走去。有時寶寶會纏著媽媽，要求媽媽抱著過去。媽媽一定要遵守諾言，告訴寶寶：「這次是爸爸抱，媽媽有點累！」等寶寶走到大樹前

時，爸爸馬上抱起寶寶並親親他說：「寶寶走得真棒！」抱一會兒後，往前走找到一個新目標，讓寶寶走過去，再讓媽媽抱。另一個方法是在出發之前，讓寶寶看一幅袋鼠的圖，和寶寶一起背兒歌：

小袋鼠，不怕羞。

每天媽媽抱著走！

小寶寶，真正乖，

自己走路好勇敢。

寶寶懂得勇敢是件好事，自己會走還要爸爸媽媽抱，真是害羞，只有不會走的小寶寶才可以讓爸爸媽媽抱。如果和爺爺、奶奶一起外出，更不能讓老人家抱，要體諒老人家的辛苦。鼓勵寶寶替奶奶拿包包，為老人家服務。有了體諒別人的想法，寶寶就不會纏著大人要抱了。

適時誇獎寶寶。當寶寶對小朋友、家人或寵物表現出愛和關切時，媽咪要及時鼓勵並誇獎寶寶，激發寶寶學會善於表達愛意的能力。

第三節
為寶寶左右腦開發提供營養：益智健腦少吃糖

預防缺鋅

鋅是體內必需的微量元素，構成幾十種酶類，是核酸的合成和蛋白質合成所必需的酶，也參與醣、脂肪酸和維他命 A 的代謝，與身體生長發育、預防免疫、傷口癒合等機能有關。母乳中含鋅量高，早期的母乳每升含鋅 1.6 ～ 2 毫克，隨著嬰兒生長發育速度降慢含鋅量逐漸下降。牛奶含鋅量與人

奶相似，但生物效價比人奶低，從人奶改成牛奶後，個別嬰兒會出現缺鋅引起的腸病性肢端皮炎（肢端對稱性皮炎即口、眼、會陰、肛門周圍皮炎，禿髮、腹瀉，多見於 3 週到 18 個月的人工餵奶嬰兒），恢復母乳餵養後消失。豆漿會妨礙鋅的吸收，故大豆配方奶中含鋅量應高過普通配方奶的含鋅量 5 ～ 6mg/L。缺鋅時，由於舌頭的味蕾退化，會使食慾下降。

鋅存在於動物性食品中，如果長期缺乏動物性食物容易缺鋅。此外，吸收不良也會引起缺鋅，如穀物中的植酸、纖維素會妨礙鋅的吸收。藥物如四環素、青黴銨等與鋅結合成難溶的複合物妨礙吸收。當身體失血、浴血、削傷時因紅血球破壞，使鋅缺失；飢餓、營養不良、尿毒症時及高血鈣時排尿增加，鋅也從尿中排出；多汗、及皮膚病時也會使鋅排出，因為 20% 的鋅存於表皮內；攝取的鋅中 1/2 ～ 3/4 從腸道排出，腹瀉時鋅的排出增加。

嬰兒 1 歲時每天需鋅 10 毫克，半歲時需每口 5 毫克。含鋅最多的食物為牡蠣，其次為動物的肝臟、瘦肉、魚、蝦、紫菜等海產，動物性食物中的鋅生物效應大，吸收效果好。

如果寶寶患慢性腹瀉、或長期用藥物、患皮膚病、長期食慾不佳等，最好到醫院檢查，按醫囑服用含鋅藥物治療，並應改進食品供應，使寶寶不會缺鋅。

會走的寶寶吃飯難，這是許多媽媽普遍的感受。在週歲前，寶寶每月增重 500 ～ 600 克，週歲後全年只增加 2.5 ～ 3 公斤，平均每月增加 200 ～ 250 克，相對需求量減少。此外寶寶長大後有了自我意識，願意自己動手，不讓大人餵。應當滿足他的意願，盡量讓他自己吃，在他不注意時補充一口，使他也覺得是自己吃的，就不會拒絕。

注意飯菜要小巧有趣，提高寶寶的食慾，要易於入口的、鬆脆的、容易

拿在手上的、方便的，不能太燙，不讓他等太久，否則因為太累，提不起食慾；此外應把玩具拿開，關上電視和收音機，讓他專心吃飯；此外每頓飯應吃多少應由他自己決定，不願意吃就收走，不要逼著他多吃，以免引起厭煩情緒。

有些寶寶仍然不會咀嚼，應給他吃一些鬆脆的，便於咀嚼的固體食物，減少食物的體積，才能讓寶寶在較短時間內得到充足的熱量。和大人一起吃飯，聽到大人對食物的評論能促進寶寶的食慾。

還有些寶寶平時因為父母工作繁忙，感到孤獨，只有在吃飯時用不好好吃飯來吸引父母的注意。父母不管有多忙，也不要冷落寶寶，要多和寶寶交流，與他遊戲，教他說話。使他不感覺孤獨，就會愉快的自己學吃飯，得到父母的稱讚。

油炸、膨化食品不宜吃

不宜吃油炸食品。寶寶們喜歡吃洋芋片和薯條。寶寶跟著大人吃早餐又會看見大人愛吃的油條、蔥油餅。這些油炸食品不宜讓寶寶經常吃，因為在油炸過程中大量維他命被破壞；而且反覆用過的油含有 10 餘種有毒的不揮發物，其中有致癌的毒素；製作油條時還加入明礬，明礬含鋁，是兩性元素，與酸鹼都能起反應，所產生的化合物容易被人體吸收，並沉積在骨骼中，引起骨質疏鬆。如果沉積在大腦中會產生器質性變，使記憶力減退，智力下降。如沉積在皮膚中，皮膚彈性下降，皺紋增多。鋁還能使人食慾不振，影響腸道對磷的吸收，影響骨質生成，因此不讓寶寶吃油炸食物，大人也盡量少吃。

不讓寶寶吃膨化的零食。近來膨化零食很多，有些包裝很漂亮，但因膨

化罐上的鉛錫合金在高溫時氣化，汙染了食品。據檢測其含鉛量高達 20mg/kg，超過國家規定的 100 倍（食品衛生標準不超過 0.2mg/kg）。鉛在腸道的吸收率成人為 10%，兒童可高達 53%。兒童血鉛在 50 ～ 60µg/100ml 時就出現中毒症狀，如厭食、嘔吐、腹痛、腹瀉、精神呆滯、貧血、中毒性肝炎等。所以不要讓寶寶吃膨化食品。

哪些食物有助於寶寶長高

寶寶的身高與很多因素有關，兒童營養學專家認為，在諸多的後天因素中，營養是至關重要的。日常飲食中有不少能幫助長高的食物，如魚類、瘦肉、蛋類、牛奶、豆製品、動物內臟以及新鮮水果、蔬菜等都有利於寶寶身高的成長及大腦的發育。

蛋白質是生命的基礎，大腦組織以及許多重要的生命物質都是由蛋白質構成的，蛋白質還是構成骨骼細胞的最重要的材料，因此為寶寶選擇高蛋白食物如牛奶、魚類、蛋類、瘦肉、大豆、雞蛋是非常重要的。

如果寶寶每餐有兩種以上的蛋白質食物，那就可以提高蛋白質的利用率和營養價值了。

與骨骼生長最密切的礦物質是鈣和磷，鎂也是構成骨骼架構的最基礎元素，因此充足且適當的礦物質補充對骨骼的拉長非常重要。鈣的吸收和利用要透過魚肝油、蛋黃、維他命 D 以及日光中的紫外線照射才能發揮出作用。含鈣豐富的食物有牛奶、蝦皮、海帶及豆製品、芝麻醬等。另外，缺鋅是影響寶寶身高的重要原因之一，牛、羊肉、動物肝臟、海產品等都是鋅的最佳來源。而草酸、纖維、味精等會影響鋅的吸收，因此吃含草酸高的食物如芹菜、菠菜等應該先過水再食用。

怎樣保存菜餚裡的維他命 C

蔬菜從買來、儲存、加工到烹調的系列過程中都在不知不覺地流失維他命，其中最容易流失的就是維他命 C，那麼，怎樣才能減少菜餚裡的維他命 C 的流失呢？

買菜要適量

媽媽在買菜時要選那些新鮮的蔬菜，但注意別買多了，以足夠一天吃的量為宜。如果媽媽為了方便就一下子買了很多菜回去並存放在冰箱裡，那麼一部分維他命 C 就會流失了，並且還會增加亞硝酸鹽的含量。

盡量保留外層菜葉

外層菜葉的維他命 C 含量要比內層菜葉的高，蔬菜的葉部的維他命 C 含量要比莖部的高，因此，媽媽在選菜和洗菜的時候要盡可能地保留外層菜葉。

先洗後切

蔬菜應先洗後切而不能切好後再浸泡在水裡，因為蔬菜久泡在水中就會造成可溶性維他命和無機鹽的溶解，從而流失掉一部分營養。另外，蔬菜切好後應盡快入鍋，因為空氣中的氧也會使蔬菜中的維他命 C 被氧化。

炒菜時應大火快炒

炒菜時應大火快炒，而不能久炒久熬，特別是捲心菜、大白菜、蘆筍等葉菜類，因為蔬菜在高溫的鍋中的時間過長的話就會流失掉很多營養。

適量加醋或勾芡

媽媽在做菜時可以適當加點醋，因為維他命 C 在酸性的環境下比較穩

定。或者也可以對菜品進行勾芡處理，因為勾芡也可以較好地保存蔬菜中的維他命 C。

寶寶不宜吃高醣食品

高醣食品，不僅包括加入太多蔗糖的甜食和糖果，也包括以澱粉為主要成分的食品，如膨化食品和餅乾、麵包等，都應少給寶寶吃。

白糖作為碳水化合物之一，是大腦所需的營養物質，正常攝取可給大腦提供能量。但是如果食用過多就會使人體呈酸性體質，腦細胞在酸性環境中易發生水腫，接收和輸出訊息的功能下降，從而影響到人的智商。攝取過多白糖還會造成維他命 B 的流失，增加鈣的消耗量，減少大腦所需的營養，從而引起人的智力下降。所以糖必需按正常需求攝取，不可太多。

糖吃太多，除了會引起齲齒外，還常常導致營養失調，使體形肥胖。更為嚴重的是，食糖過多還會引起寶寶情緒的不穩定、愛哭鬧、容易因小事而激動、莫名其妙地煩躁不安、睡眠差、注意力不集中等，這是由於體內高醣引起了維他命 B 的缺乏所導致的。

糖吃太多，體內的丙酮酸和乳酸等代謝物就會明顯增多，就需要消耗大量的維他命 B，來加速排除這些代謝物。維他命 B 是從食物中獲得的，而攝取大量的糖就會影響到其他食物的攝取，因而就減少了維他命 B1 的攝取量。維他命 B 是神經營養調節劑，體內缺乏時就會導致心臟功能異常亢進，並可引起厭食、嘔吐、中樞神經系統損傷和胃腸道張力不足、消化不良等症狀，所以寶寶不宜吃高醣食品。

第四節
適合寶寶左右腦開發的遊戲：紅燈停，綠燈行

給圖形配配對

遊戲目的

訓練寶寶的圖形知覺能力。寶寶對物體形狀的感知需要多種分析器官的協同活動，當視覺、動覺和觸覺相結合時，對物體形狀的感知效果較好。寶寶能夠辨認出相同的圖形，表示他已經具有歸類和概念化的思維模式，為其將來表像思維向更高水準發展提供了可能。

遊戲準備

白色紙卡、紙板。

遊戲步驟

1. 媽媽在一張白色紙卡上分別畫出一個直徑為 4 公分的圓形和一個邊長為 4 公分的三角形。
2. 把圓形和三角形塗上紅色，告訴寶寶圖形為稱。
3. 媽媽另用一塊紙板剪下一個直徑為 4 公分的圓形和一個邊長為 4 公分的三角形。
4. 讓寶寶拿著紙板做的圓形和三角形在卡紙上找出對應的圖形。

遊戲提醒

1. 在寶寶找對應的圖形之前，應讓他充分觸摸圓形紙板和三角形紙板。
2. 卡紙上的圖形一定要塗上鮮亮顏色。

寶寶踩氣球

遊戲目的

培養寶寶控制身體動作的能力，發展寶寶動作的協調性，從而提高他的右腦肢體協調能力及身體的平衡能力。

遊戲準備

一些小氣球。

遊戲步驟

1. 家長將球繫在自己的手臂上或腿上。
2. 家長在前方走動，讓寶寶追自己身上的氣球。停下來時，讓寶寶拍拍自己手臂上的氣球或用腳踩繫在自己腿上的氣球。

遊戲提醒

一定要讓寶寶踩到，否則寶寶會很氣餒的。

猜猜畫的是什麼

遊戲目的

訓練寶寶的視覺判斷能力。這個時期的寶寶對熟悉的名稱、人或物品，能夠指認出來，記憶力等心理活動發育更加活躍。這個遊戲可以幫助寶寶鍛鍊和提高視覺判斷能力。視覺能力是空間智慧的重要組成之一，1～3歲也是寶寶視覺發展的關鍵時期，透過遊戲不僅可以鍛鍊寶寶的視覺能力，寶寶的想像力也被大大激發了。

遊戲準備

一張較大的圖畫和白紙。

遊戲步驟

1. 用白紙蓋住圖畫，然後把白紙漸漸往下移，露出部分畫面，讓寶寶猜是什麼。

2. 每多看到一點畫面，寶寶便會更期待到底是什麼圖案，媽媽可以同時製造一些音效，鼓勵寶寶繼續往下看。

3. 露出大部分畫面，讓寶寶說出畫面內容。

遊戲提醒

1. 選擇的圖畫最好內容比較單一，比如一隻蝴蝶、一輛汽車等。

2. 盡量選擇寶寶熟悉的圖案。

3. 還可以用舊掛曆剪出寶寶喜歡的小動物形象，再剪成幾個部分，然後讓寶寶重新拼。

吹泡泡

遊戲目的

鍛鍊寶寶的跑動能力。跑動對寶寶有很多好處，可以促進骨骼生長，令肌肉結實，增強腿部力量，使心臟跳動有力，跑動還能加強呼吸系統和消化系統功能。分享是寶寶交往智能發展中的一個重要組成部分，寶寶擁有積極分享意識和行為是與他人交往的必備條件。

遊戲準備

泡泡水、吹泡泡的工具。

遊戲步驟

1. 帶寶寶到戶外去，爸爸吹泡泡並給寶寶示範如何追泡泡並戳破泡泡，然後鼓勵寶寶和爸爸一起做。
2. 如果寶寶很興奮，在爸爸吹泡泡時就想去戳破它，則要告訴寶寶要耐心等待。如果寶寶對吹泡泡感興趣，可以教寶寶吹泡泡的方法，鼓勵他自己吹。
3. 讓周圍的小朋友一起來追泡泡。

遊戲提醒

1. 寶寶追泡泡的時候，爸爸一定要注意周遭可能出現的危險，不要讓寶寶跑到馬路上去。
2. 寶寶吹泡泡時，提醒寶寶不要用嘴接觸或喝下泡泡水。

紅燈停，綠燈行

遊戲目的

行走和跑動。這個遊戲能給寶寶較多走動和跑動的機會，可以促進寶寶大腦的協調，是發展運動能力的好方式。家庭是一個重要的社會化場所，在與爸爸、媽媽及熟人的交往過程中，寶寶的心理能力和社會性會逐步得到發展。培養寶寶良好社會情感，可以幫助他適應未來社會的競爭與壓力。

遊戲準備

家中或室外較大的遊戲空間。

遊戲步驟

1. 爸爸站在寶寶前面，寶寶拉著爸爸的衣服。

2. 爸爸做「車頭」，寶寶做「司機」，然後由「車頭」領著走（也可以小跑），
   一邊走一邊帶著寶寶學汽車「ㄅㄨㄅㄨ」地叫。
3. 媽媽用紙板做兩個牌子，上面分別寫著「紅燈」、「綠燈」。
4. 媽媽舉起「紅燈」，「汽車」停；媽媽舉起「綠燈」，「汽車」開始走。

遊戲提醒

1. 遊戲時，爸爸應注意走或跑動的速度不要過快，以免寶寶跟不上
   而跌倒。
2. 遊戲中可多設計一些情節，鍛鍊寶寶的想像力和語言能力。

小腳丫追著玩具走

遊戲目的

　　訓練寶寶的視覺追蹤能力。遊戲可以讓寶寶把行走當成一件樂事，考驗
寶寶視覺追蹤能力，增進行走和協調運動能力。如果寶寶在早期就開始鍛鍊
與視覺和肌肉運動技能有關的大腦神經，成年後可塑性會很強，能夠積極適
應社會。

遊戲準備

1. 寶寶喜歡的小動物毛絨玩具（帶聲響的更好）、一條棉繩。把棉繩的一
   端繫在玩具上，另一端握在媽媽手中。
2. 媽媽拉動棉繩。使玩具移動。讓寶寶跟著走。
3. 媽媽不斷拉動繩子，引導寶寶四處走動。也可讓寶寶拉著繩子，聽媽媽
   的指令走。

遊戲提醒

1. 一定要確保寶寶行走的安全。遊戲開始前就要將地面四周收拾整齊，把易碎、易毀的東西搬開。

2. 選購或自製拖拉玩具時，玩具本體應是開放的，還可以放小玩具進去，如小火車、小汽車上還能放進小動物玩具，讓寶寶搬來搬去。

3. 遊戲中加入一定情節，寶寶會更有興趣。

見人打招呼

遊戲目的

培養寶寶表達情感的興趣，從而提高寶寶與人溝通的能力。

遊戲準備

一面鏡子。

遊戲步驟

1. 家長做出打招呼、行禮鞠躬、謝謝、對不起、再見等動作，並配合相應語言。

2. 讓寶寶看著鏡子裡自己的影像，向他打招呼等。

3. 在日常生活中，當寶寶為大人做事時，大人要對寶寶說「謝謝」。

遊戲提醒

在日常生活中，要培養寶寶使用禮貌用語。

第二章　寶寶 15～16 個月：哼哼兒歌惹人愛

穿過羊腸小道

遊戲目的

　　鍛鍊寶寶的行走技能。隨著寶寶神經系統進一步發展，寶寶運動的準確性、靈活性、平衡性不斷提高，讓寶寶在兩條平行線中間自如行走，可以提高他的行走技能。形成穩定的自我獎勵機制對一個人的終生成長具有非常重要的意義。

遊戲準備

室內、室外較大的活動空間。

遊戲步驟

1. 用彩色粉筆在地面畫上兩條相距 30 公分的平行線。
2. 媽媽先穿過平行線，在小道另一端用寶寶喜愛的玩具逗引寶寶。
3. 鼓勵寶寶穿過小道拿到玩具。

遊戲提醒

1. 媽媽盡量使寶寶理解「遊戲規則」，根據規則來玩。
2. 寶寶踩線時，媽媽千萬不要責怪。
3. 把平行線畫得長一些，讓爸爸和寶寶對著走，到小路的中間會合，增加遊戲樂趣。

踩影子

遊戲目的

　　鍛鍊寶寶動作的協調性。這個時候寶寶剛學會走路，這個遊戲可以鍛鍊

寶寶動作的協調性和靈活應變能力，讓他們保持濃厚的興趣和愉快的情緒。良好的運動能力發展會帶來寶寶整體智能的提升，使之日後具有更加靈活的應變能力。

遊戲準備

晴朗的天氣，戶外較大的遊戲空間。

遊戲步驟

1. 爸爸、媽媽帶著寶寶到戶外，媽媽指著地上的影子告訴寶寶：「這是爸爸的影子，這是媽媽的影子，這是寶寶的影子。」
2. 爸爸來踩媽媽的影子，鼓勵寶寶跟著踩。
3. 爸爸、媽媽和寶寶互相踩影子。指導寶寶觀察不同時間影子有什麼不同。
4. 這樣的遊戲可以在每天出門或回家的路上進行，不用耽誤太多時間，也不用準備什麼材料。還可透過遊戲幫助寶寶認識白天和晚上的影子有什麼不同之處。

遊戲提醒

1. 遊戲時不要跑得太快，不要撞到寶寶。
2. 一定要選擇寬闊、平坦的戶外場所。

第五節
15 ～ 16 個月智能開發效果測驗

15 ～ 16 個月寶寶的智能測驗

1. 配上認識的水果或動物圖片：

    A、6 對（12 分）

    B、5 對（10 分）

    C、4 對（8 分）

    D、3 對（6 分）

    以 8 分為合格

2. 指出身體部位：

    A、9 處（18 分）

    B、7 處（14 分）

    C、5 處（10 分）

    D、3 處（6 分）

    以 10 分為合格

3. 背數到：

    A、10（14 分）

    B、5（10 分）

    C、3（7 分）

    D、2（5 分）

    會拿：

　　　A、2個（5分）

　　　B、1個（3分）

　　　C、不會（0分）

　　　兩項相加以10分為合格

4.　按吩咐從積木中找出圓形、方形、三角形：

　　　A、3個（15分）

　　　B、2個（10分）

　　　C、1個（5分）

　　　以10分為合格

5.　拿書順著看，從頭開始翻書，每次2～3頁，每次1頁：

　　　A、做對4項（10分）

　　　B、做對3項（8分）

　　　C、做對2項（4分）

　　　D、做對1項（2　分）

　　　以8分為合格

6.　堆積木堆高樓或排火車：

　　　A、共搭4塊（12分）

　　　B、搭3塊（10分）

　　　C、2塊（8分）

　　　D、1塊（4分）

　　　以10分為合格

7.　準確將3塊七巧板放入相應的位置；

　　　A、3塊（12分）

B、2 塊（8 分）

C、1 塊（4 分）

以 8 分為合格

8.　說出自己的小名：

A、會（5 分）

B、4 種（8 分）

C、3 種（6 分）

D、2 種（4 分）

用單音說物名：

A、5 種（10 分）

B、4 種（8 分）

C、3 種（6 分）

D、2 種（4 分）

兩項相加以 10 分為合格

9.　背兒歌：

A、背頭 4 句（11 分）

B、背頭 3 句（9 分）

C、背頭 2 句（5 分）

D、背頭 1 句（3 分）

以 9 分為合格

10.　從巷口：

A、找到自己的家門口（10 分）

B、找到自己的門號或樓門口（8 分）

C、走到門口不敢認門（4分）

以10分為合格

11. 會用小湯匙自己吃：

A、整頓飯（12分）

B、半頓飯（10分）

C、完全由大人餵（2分）

D、跑來跑去讓大人追著餵（0分）

以10分為合格

12. 上樓梯：

A、自己扶欄杆，兩腳交替上臺階（10分）

B、大人牽一手上，雙足踏一階（7分）

C、抱著上樓梯（0分）

以7分為合格

結果分析

1、2、3、4題測認智能力，應得38分；

5、6、7題測手的精巧，應得26分；

8、9題測語言能力，應得19分；

10題測社交能力，應得10分；

11題測自理能力，應得10分；

1、2題測運動能力，應得7分。共計可得110分，90～110分為正常範圍，120分以上為優秀，70分以下為暫時落後。哪道題在及格以下，可先複習上月相應試題，通過後再練習本月的題。哪道題在優秀以上，可跨月練

61

第二章　寶寶 15 ～ 16 個月：哼哼兒歌惹人愛

習下月同組的試題，使優點更加突出。

寶寶 17 ～ 18 個月：
學打電話「喂，喂」

第一節
開發寶寶的左腦：小小珠子穿起來

訓練寶寶的語言能力

講用品的用途。 媽媽準備一些日常用品，如牙刷、杯子、碗、湯匙、梳子、剪刀等，隨便拿起一種問寶寶：「這怎麼用？」寶寶會用一個單字來回答。如問到杯子時，寶寶會說「喝」；問到碗和湯匙時，寶寶會說「吃」或「吃飯」；問到梳子時，如果寶寶不會說，他會用手做出梳頭髮的樣子，媽媽教他說「梳頭髮」，他很快就學會了；問到牙刷時，寶寶會說「牙」不會說「刷」，

可以告訴他，讓他試著說；媽媽拿起剪刀，寶寶馬上用食指、中指做剪的動作，媽媽教他說「剪，剪開」，看寶寶是否會說。要反覆練習直到寶寶完全會說為止，如果學過後不複習，過幾天寶寶就全忘記了。

學打電話。 寶寶經常學著爸爸媽媽的樣子把電話放在耳邊學他們打電話：「喂，喂。」這時媽媽也拿起手機跟寶寶對話：「你是寶寶嗎？」寶寶回答：「是啊。」媽媽說：「我要到菜市場去，你想吃什麼呀？我給你帶回來。」或者說：「星期六我們到外婆家去。」等等。寶寶能說的話不多，不過他是主動想說話才拿起電話的。最好爸爸媽媽在接電話後和寶寶玩打電話的遊戲，可以教會他最簡單的對話，如「喂，你好」、「喂，你找誰呀」、「爸爸上班啦」、「媽媽在家」等。快要開口說話的寶寶很喜歡模仿爸爸媽媽打電話。應鼓勵他用遊戲學會簡單對話。

介紹家庭相冊中的人物。 寶寶很喜歡在相冊中辨認家庭成員。爸爸、媽媽可以向他介紹家庭中每個人的情況，如從最熟悉的父母開始介紹：爸爸是醫生，給人看病；媽媽是教師，教孩子們讀書；爺爺是會計，會算帳；奶奶是廚師，會做飯；外公是工人，會操作機器；外婆也是工人，會織布；叔叔還在讀書；大阿姨是護士；小阿姨當銷售員等等。

寶寶在聽天氣預報時能記住一些地名，他懂得他不能與在其他地方工作的親人經常見面。寶寶懂得他見過的職業，如醫生、教師、護士、銷售員等。如果在電視上見到機器、工人、織布等，他都會經常聯想到親人的職業。經常翻看家庭相冊，會加深寶寶對好久不見的親人的印象，親人回來時他能很快就認得他們。

說話時配合肢體語言。 家長和寶寶說話時，可以配合肢體語言，來幫助寶寶準確而形象地理解家長所要表達的意思。如，用手或者身體的其他部

位，配合說話做一些相應的動作。這樣，不但會增加說話的趣味性，而且還可以讓寶寶更容易記住談話的內容。

經常帶寶寶外出。家長可以經常帶著寶寶到公園去遊玩，或者帶寶寶外出散步。外出時，家長應結合相關的事物，教寶寶說一些相關的詞和句子。雖然寶寶對於家長所說的一些事物，未必一下子就能馬上記住，但讓寶寶多接觸更寬廣的視野，對他今後語言能力的發展與提高會奠定良好的基礎。

訓練寶寶的精細動作能力

穿珠子訓練。寶寶已經會玩套塔和套圈，現在可以學用鞋帶或軟繩來穿珠子了。不過穿珠子要分成兩步：第一步，媽媽拿著珠子讓寶寶把鞋帶的硬頭放進珠子洞，由媽媽從洞的另一頭把繩子牽出，這才真正穿上了一顆。讓寶寶練習幾次，等他已經能熟練地把鞋帶穿入珠孔以後，第二步，讓他自己拿穩珠子，由媽媽把鞋帶穿入孔洞，寶寶從孔洞的另一頭把鞋帶拉出。這兩個步驟分開來可以降低難度，讓寶寶逐步掌握。

否則許多寶寶都只會把鞋帶穿入珠孔，不會從洞的另一頭拉出帶子，帶子總是掉下來。

如果沒有珠子，可以用一些粗的橡皮管或塑膠管剪成約 $1 \sim 1.5$ 公分的小段，管口粗大，容易穿上。

學穿珠子，能訓練寶寶做精細動作的手眼協調能力，寶寶安靜地自己穿珠子，也是一種專注力的練習。

積木搭橋。準備三塊正方形積木，兩塊放在下面，一塊放在這兩塊的上面，就能搭成一座橋。如果上面用一條長的積木，就可以搭成一座長橋，或者搭成一張長板凳。寶寶會搭橋，說明手的技巧有了進步，寶寶會留出合適

的空間，把上面的積木放穩而不至於掉下。此時，寶寶擺積木的能力比只會疊高樓和排火車時又進了一步。

　　媽媽再示範擺一個溜滑梯。把長條積木的一頭撐起，拿一塊方積木放在長條積木一頭的下面。把一塊積木放在長條積木高的一端，方積木會從高處滑下，如同小孩玩溜滑梯那樣。寶寶看見了很高興，會多次把方積木放在溜滑梯高處讓其滑下。

　　玩沙訓練。訓練寶寶用玩具小鏟將沙土裝進小桶內，或者用小碗將沙土盛滿倒扣過來做饅頭。寶寶玩的沙土要先過篩將石頭和雜物去掉，用水沖洗過。

第二節
開發寶寶的右腦：開開心心「扮家家酒」

訓練寶寶的大動作能力

　　負重行走。寶寶可以背一個重 1 ～ 1.5 公斤的背包，或者手提 1 ～ 1.5 公斤的東西走 100 ～ 200 公尺。行走時需要給寶寶一些鼓勵，如媽媽和寶寶一起行走，邊走邊說些鼓勵的話或者背誦兒歌來為寶寶加油，使寶寶情緒高漲不覺得累。每天練習一次，可以使寶寶行走有力、肺活量增加。

　　訓練寶寶走「S」形線。用粉筆在地上畫一個約 10 公尺長的「S」形線，讓寶寶踩著線往前走，走到頭，並且，始終能踩著線走，要給予讚揚。如果完成得好，可根據寶寶情緒來回走幾趟，能促進左右腦的健康發展。

　　穿越障礙。1、越過家具。爸爸拿著一個玩具站在桌子後面，讓寶寶過

來拿。寶寶可以推開桌子、從桌子下面鑽過來，或者繞過桌子走過來拿。2、越過水溝。爸爸自己先跨過水溝（約 15 ～ 20 公分），第一次爸爸伸手拉著寶寶跨過來；第二次爸爸不必伸手，看寶寶是否能自己大步跨過來。3、過馬路。爸爸牽著寶寶從人行道下一級臺階踏上馬路，到了馬路對面再上臺階時，寶寶可以自己走上人行道，不必扶持。每次給寶寶設計一點小的障礙，使寶寶學會自己想辦法，勇敢地克服困難。

訓練寶寶的適應能力

訓練寶寶模仿操作。每日有一定的時間與寶寶一起動手玩玩具，如堆積木、插板等，給寶寶作些示範，讓寶寶模仿。還可以給不同大小、形狀的瓶子配瓶蓋，將每套玩具放回相應的盒子內。

翻書找畫。購買一套適合嬰幼兒的讀物。每次翻開嬰幼兒讀物中的一頁，把書中的主要事物講給寶寶聽，然後把書合起來，再讓寶寶找到那一頁。開始要幫助他回憶要找的東西，並教他從前往後逐頁查書的習慣，再訓練他獨立查找。

訓練寶寶畫畫。繼續讓寶寶學畫，教寶寶正確的握筆姿勢，並讓寶寶模仿畫出清楚的筆畫。

配對訓練。將兩個相同的玩具放在一起，再將完全相同的小圖卡放在一起，讓寶寶學習配對。在熟練的基礎上，將兩個相同的字卡混入圖卡中，讓寶寶學習認字和配對；也可寫阿拉伯數字 1 和 0，然後混放在圖卡中，讓寶寶透過配對認識數字；配對的卡片中可畫上圓形、方形和三角形，讓寶寶作圖形配對，複習已學過的圖形；用相同顏色配對以複習顏色。

訓練寶寶認識自然。繼續注意培養寶寶的觀察力和記憶力，並啟發寶寶

提出問題及回答問題。如觀察早上天很亮，有太陽出來。晚上天很黑，有星星和月亮。有時沒有太陽，是陰天，或者下雨和下雪，有時颳大風。在下大雨時會出現閃電和雷聲。透過家長講述，使寶寶認識大自然的各種現象。

訓練寶寶的社交行為能力：

扮家家酒。 讓寶寶暫時脫離自我，去扮演他人，比如扮成爸爸、媽媽甚至於軍人、醫生等，這種遊戲的好處是培養寶寶站在客觀角度去體驗一下不同的角色感覺。在眾多名人傳記中，許多名人在幼年時都有過這種難忘的經歷，這對培養他們的領袖氣質和推己及人的思想，起到奠定基礎的作用，家長不能省掉這一課。

主動替人拿東西。 爸爸回到家時，寶寶會很主動地給爸爸拿拖鞋來。奶奶在廚房挑菜時，寶寶會很快把板凳拿來讓奶奶坐下。外面下雨，媽媽要出去，寶寶會去拿傘或者雨衣。從菜市場回家時，媽媽拿了很多東西，寶寶會主動幫媽媽提東西。寶寶很喜歡替大人拿各種用品，如：幫媽媽拿剪刀、替爸爸拿螺絲起子或釘子、給外婆拿提包、幫外婆找東西等。寶寶現在是家裡的小助手了，會和大人合作，會體諒別人的需要。

準備人際交往的開端。 在幼兒園點名時，當點到寶寶的名字時，寶寶會喊「有」。因為他平時也曾聽到過爸爸媽媽叫自己的名字，寶寶對有關自己的事總是很在意的。

寶寶也會記住一兩個小朋友的小名，當教師點到他認識的孩子的名字時，他會回頭看認識的孩子，向他點頭或者對他笑笑。如果問寶寶：「誰是貝貝？」寶寶會回過頭指著貝貝。

寶寶對於名字很重視，很願意記住所喜歡的小朋友的小名，這是寶寶準

備人際交往的開端。

第三節
為寶寶左右腦開發提供營養：合理搭配更聰明

寶寶不宜多吃動物脂肪

脂肪是人體的重要組成部分，是提供身體熱量的主要來源。它沉積於皮下和內臟器官之間，有保護內臟器官、隔熱、保溫、防止熱量散失、保持正常體溫、促進食慾的作用。同時脂肪還是脂溶性維他命的介質，如維他命 A、D、E、K 等均需溶於脂肪後才能被人體吸收和利用，所以擁有適量脂肪有益於提高人體的免疫功能。對寶寶來說，脂肪可提供 30％左右的熱量。

脂肪可分為油與脂兩種，在室溫 20 攝氏度下呈液體狀的稱為油，如：大豆油、花生油、芝麻油等，又稱植物油；呈固體狀的稱為脂，如豬油等，也稱動物油。

無論是油還是脂，均由脂肪酸和甘油組成。植物油所含的脂肪酸多是不飽和脂肪酸，這是人體不能合成的必需脂肪酸，俗稱的「腦黃金」DHA 也是其中的一種不飽和脂肪酸，具有軟化血管、健腦益智、改善視力的功效；而動物性脂肪中所含的脂肪酸，大多是飽和脂肪酸。

雖然肥肉吃起來很香，但肥肉裡含有 90％左右的動物脂肪，攝取大量的動物脂肪對正在生長發育中的寶寶是不利的。若寶寶長期食用過多的動物脂肪，就會影響鈣的吸收，並可造成將來血脂和血中膽固醇的異常，從而導致心血管疾病。植物油中所含的不飽和脂肪酸是寶寶神經發育、髓鞘形成所必

需的物質。

食物中不飽和脂肪酸供給不足，既可影響寶寶神經發育，還可影響寶寶的智力水平，甚至會導致寶寶生長發育遲緩。所以，寶寶要多吃植物油，少吃動物油。

從膳食中補充鈣最好

鈣是孩子最容易缺乏的常量元素，雖然它在許多食物中存在，但總量還是較少，並且，當與某些不易吸收的物質結合在一起時，人體吸收很困難。其他常量元素像鈉和氯，只要食物中有一點鹹味就足夠需要了，而磷和鉀在一般天然食物中的含量也很豐富，只要孩子吃飽了就不會缺乏。東方人的傳統膳食，多為植物性食品，缺乏含鈣高的食物，因此鈣往往是不足的。

補鈣的途徑和方法很多，對於嬰幼兒來講，養成良好的飲食習慣，從膳食中攝取鈣是最好的方法。要從膳食中攝取足夠的鈣，就要進食含鈣量高、容易吸收的食品。在天然食品中，含鈣高、吸收較好的食品除了母乳，當數牛奶。一個嬰幼兒一天只要喝 500 毫升牛奶（相當於市售牛奶 2 瓶）就攝取了 500 毫克的鈣，加上其他食物中的鈣，基本可以滿足生理需求。從膳食中補充鈣，不會發生補充過多的不良反應。

除了進食含鈣高的產品，還要注意多讓孩子做戶外運動，多曬太陽，加強小孩體內維他命 D 的合成，促進鈣的吸收，保證小孩每天吸收到足夠的鈣質。

適量吃點醋有益健康

滿 1 歲的寶寶已經基本可以食用鹽、味精、醬油、米醋等調味料了，這

些調味料能讓寶寶的飯菜更加得鮮美可口，以促進他的食慾。另外，巧用米醋還能讓寶寶的健康受益呢！

　　米醋中含有乳酸、檸檬酸、琥珀酸、葡萄糖、甘油以及多種胺基酸，還含有維他命 B1、B2 以及鈣、磷、鐵等微量元素，在寶寶的膳食中加入適量的米醋能提高寶寶胃液中的酸度，既能增強寶寶的免疫力，還有助於消化。在烹調菜餚的時候，媽媽可以透過以下的一些方法來添加米醋。

1.　做涼拌菜時加入適量的米醋可以幫助殺菌，防止寶寶患上腸胃炎。
2.　熬大骨湯時適量加點米醋能促進人體對鈣質的吸收，因為醋可以使骨頭發生脫鈣現象。
3.　做魚時加米醋不但能減輕魚腥味，還能使魚骨中的鈣質溶解出來，而且魚肉的味道也會更香，口感更好，可謂是一舉多得。
4.　炒蔬菜時適量加點米醋能更好地保存蔬菜中的維他命 C。

合理搭配食物有利於健腦

　　大腦對營養的要求是非常高的，醣、蛋白質、脂肪，尤其是類脂、微量元素、維他命等，都是大腦不可缺少的營養素。而在自然界中，沒有任何一種食物能含有人體所需的全部營養素，因此，為了維持大腦的營養需求，就必須把不同的食物搭配起來食用。

　　現代營養學把食物分成兩大類：一類是主要供給人體熱量的，叫熱力性食物，又稱「主食」。另一類是副食，主要是更新、修補人體的組織和調節生理機能的，又叫保護性食物，如豆製品、蔬菜等。

　　主食的種類也有很多，它們所含的胺基酸、維他命、無機鹽的種類和數量又互不相同，故不能用一種糧食作為主食，而應該做到粗細糧合理搭配。

副食中的肉類、蛋類、奶類、魚類、海產類、豆類和蔬菜等都能提供豐富的優質蛋白質和人體所必需的脂肪酸、磷脂、維他命、鈣、鎂、碘等重要營養素，對人體健康起到非常重要的作用。但副食在營養上也各有所長，因此也應該搭配食用或交替食用，這樣才能保證人體營養的全面性。

第四節
適合寶寶左右腦開發的遊戲：公雞喔喔叫

扮家家酒

遊戲目的

提高寶寶的模仿能力。生活性遊戲可以訓練寶寶對日常生活的觀察能力，提高其模仿能力，在模仿中學習生活常識。遊戲的潛移默化影響往往勝過指令性教育。從小養成良好的生活習慣，有助於寶寶日後的學習和成長。

遊戲準備

布娃娃、書、玩具電話等。

遊戲步驟

1. 媽媽拿出布娃娃，對寶寶說：「娃娃該睡覺了。」讓寶寶給娃娃脫衣服，蓋好被子
2. 過一會兒，媽媽提醒寶寶：「娃娃該起床了。」讓寶寶給娃娃好衣服，帶娃娃「出去」玩。
3. 媽媽還可以拿出玩具電話，讓寶寶給娃娃打電話，跟娃娃「聊天」

4. 媽媽拿出一本書，鼓勵寶寶模仿媽媽給娃娃講故事。

遊戲提醒

1. 提供寶寶特別感興趣的玩具，開始由媽媽來做示範、寶寶模仿，也可以讓寶寶自己發揮想像力。
2. 寶寶沉浸在想像中的世界時，媽媽千萬不要對寶寶的語言或想法橫加指責。

幫水果寶寶找到家

遊戲目的

提高寶寶的歸類能力。寶寶按照指令將同樣的東西放在一起，這種能力的獲得標誌著寶寶初步歸類和概念化的發展，這是通向抽象思維的必經途徑。排序對發展寶寶的比較能力、數概念、序數詞以及邏輯思維能力等都有很大幫助，是發展寶寶數學智能的有效方法。

遊戲準備

蘋果、香蕉、葡萄等寶寶愛吃的水果，相應的水果圖片。

遊戲步驟

1. 分別讓寶寶說出水果的名稱。
2. 把水果圖片擺在地板上，告訴寶寶這裡是水果寶寶的家。
3. 讓寶寶把水果一個一個送回「家」。

遊戲提醒

1. 遊戲前，先將水果洗淨、擦乾。
2. 遊戲過程中，媽媽可以同時教給寶寶有關水果的其他知識。

拍拍手，踩踩腳

遊戲目的

提高寶寶肢體靈活性。這個遊戲不僅能發展寶寶大動作和精細動作的協調性，學習聽指令做動作，還能進一步促進寶寶身體運動的靈活性，培養寶寶的節奏感和動感，促進其身體運動智能和音樂智能的發展。

遊戲準備

較大的遊戲空間。

遊戲步驟

1. 爸爸、媽媽和寶寶圍成圈，以寶寶伸手能拉住爸爸、媽媽的手的距離為宜。

2. 爸爸、媽媽唱歌，帶領寶寶做拍手、踩腳、拍肩膀的動作。

3. 爸爸、媽媽和寶寶先各自拍手和踩腳，拉手轉幾圈後，爸爸、媽媽輪流和寶寶拍拍手、踩踩腳、拍拍肩。

   附：〈幸福拍手歌〉

   如果感到幸福你就拍拍手（踩踩腳、拍拍肩），如果感到幸福你就拍拍手。

   如果感到幸福你就把它表現出來吧，如果感到幸福你就拍拍手。

遊戲提醒

1. 遊戲時，轉圈的動作不要太大，以免寶寶失去平衡而跌倒。

2. 如果寶寶的動作一時不能做到位，請不要著急，慢慢來。

畫個蘋果大又紅

遊戲目的

鍛鍊寶寶的手眼協調能力。寶寶正處在塗鴉階段，不一定按照成人的要求作畫。這個時期重點是訓練寶寶手眼協調能力，只要寶寶能專心塗塗畫畫，就值得讚賞，畫成什麼並不重要。透過圖畫，寶寶可以感受到線條、色彩和形狀變化，還可以讓寶寶體會美、欣賞美，提高審美能力。

遊戲準備

彩色筆一盒、白紙若干張、蘋果掛圖一幅。

遊戲步驟

1. 遊戲準備好彩色筆和白紙、蘋果掛圖，讓寶寶說出蘋果的形狀和顏色。
2. 媽媽拿彩色筆在白紙上畫一個圓，鼓勵寶寶拿起筆來像媽媽這樣做。
3. 如果寶寶還不會握筆，媽媽可先握住寶寶的小手，在紙上畫圈，再讓寶寶自己畫。
4. 媽媽幫助寶寶完成蘋果圖畫，並把蘋果塗上鮮亮的紅色。

遊戲提醒

1. 光線要適宜，以免影響寶寶視力。
2. 要選擇無異味的彩色筆。
3. 要注意寶寶的握筆姿勢，防止寶寶把筆放進嘴裡，確保安全。

積木分類

遊戲目的

　　鍛鍊寶寶分類能力。按顏色和形狀給積木分類，可以促進寶寶對色彩和形狀的辨識能力，引導寶寶形成分類、集合概念。數數，讓寶寶初步感知「一樣多」的概念。

遊戲準備

　　各種顏色積木或大粒木質串珠。

遊戲步驟

1.　選形狀、顏色各異的積木，和寶寶一起進行分類遊戲。
2.　先將積木按顏色分類，再按形狀分類，教寶寶認識各種顏色和形狀。
3.　將相同顏色積木擺成一排，讓寶寶看看各種顏色是否「一樣多」。
4.　再將相同形狀積木擺成一排，讓寶寶看看各種形狀是否「一樣多」。

遊戲提醒

　　選擇無異味、不傷害寶寶身體健康的積木或串珠。

公雞喔喔叫

遊戲目的

　　訓練寶寶表達能力。寶寶這時只能發一些音，說一些簡單詞語，但這個時期是寶寶理解語言和對語言產生興趣的關鍵時期，豐富的遊戲內容可以鍛鍊寶寶聽和說的能力。信息社會對文字、語言的依賴更強，一個有著良好語言能力的人更能適應未來社會的需要。

遊戲準備

公雞毛絨玩具、大公雞圖片或畫冊。

遊戲步驟

1. 媽媽拿出大公雞圖片，告訴寶寶：「這是大公雞，它有紅紅的雞冠，美麗的羽毛，多漂亮啊！它是怎麼叫的呢？」

2. 引導寶寶學公雞叫：「喔喔喔。」

3. 讓寶寶拿著毛絨玩具，鼓勵寶寶學公雞叫，讓寶寶親親公雞的羽毛。

4. 還可以拿一些其他動物圖片或玩具來學動物的叫聲。

遊戲提醒

發展寶寶的語言能力，僅靠幾次遊戲是不夠的，爸爸、媽媽可以根據寶寶實際發育的情況，多開展一些類似的遊戲活動，讓寶寶在遊戲中自然而然地發展語言能力。

比賽擺棋子

遊戲目的

讓寶寶認識多與少，並在訓練中培養寶寶的數學興趣，從而達到提升寶寶左腦數學能力的目的。

遊戲準備

一副棋和一個棋盤。

遊戲步驟

1. 媽媽和寶寶圍著棋盤坐下。媽媽讓寶寶決定要哪種顏色的棋，寶寶決定

　　好後，媽媽和寶寶各拿好自己的棋子。

2.　媽媽說：「開始！」寶寶和媽媽將自己的棋子排列到棋盤上，直至媽媽喊「停」為止，然後讓寶寶比較誰排得多，誰排得少。訓練可反覆進行。

3.　當訓練結束時，將棋子一個一個收回盒子裡，邊收棋子邊數數。比如，放一個，數一個數；再放一個，再數一個數。這樣可使寶寶理解數字。

遊戲提醒

　　家長應根據寶寶排的棋子數來決定自己排的棋子數，因為要和寶寶有一個明顯區別，寶寶排 5 個，媽媽可排 10 個。媽媽也可比寶寶排的少，激發寶寶的訓練興趣。

小小豆子撿起來

遊戲目的

　　下蹲鍛鍊。寶寶能獨立站立、行走後，爸爸、媽媽就應逐漸發展寶寶「下蹲」的能力，這是一種既簡便易行又頗具鍛鍊價值的活動。下蹲的動作，需要寶寶具備更強的身體協調和平衡能力，是促進寶寶身體運動智能發展的好方法。重複性遊戲可以培養寶寶細心、耐心地做事，並逐漸養成習慣。

遊戲準備

　　雞媽媽和小雞的頭飾各一個、紅豆若干。

遊戲步驟

1.　媽媽和寶寶分別戴上雞媽媽和小雞的頭飾。

2.　媽媽將紅豆撒在地上，然後媽媽唱兒歌：「小小雞，嘰嘰嘰；肚子餓，要拾米；嘰嘰嘰，嘰嘰嘰；吃飽肚子，笑嘻嘻。」

3. 喝完之後，媽媽要引導寶寶和自己一起低頭彎腰，頭上下動，學小雞吃米的樣子。蹲下拾起地上的「大米」。

4. 到戶外玩沙子、撿樹葉等都是鍛鍊寶寶下蹲動作的良好方式。

遊戲提醒

1. 引導做下蹲動作時，應先教寶寶蹲的方法。

2. 撿豆子時注意寶寶不要將豆子放到嘴裡。

媽媽下班回到家

遊戲目的

培養寶寶了解、關愛家人的能力。了解和關愛他人首先要從和寶寶關係最密切的人開始，讓寶寶知道，不僅要享受家人給自己的愛，也要愛爸爸、愛媽媽。讓寶寶學著理解他人的情緒，關心他人的狀況，為其日後形成良好人際交往關係奠定基礎。

遊戲準備

家中環境。

遊戲步驟

1. 和寶寶玩「媽媽下班」的遊戲。媽媽裝作剛剛下班的樣子，寶寶拉著媽媽的手讓媽媽快坐下。

2. 讓寶寶用一個塑膠杯子或紙杯，給媽媽端來一杯「茶」。讓寶寶親親媽媽。

遊戲提醒

親情、人際交往方面的教養，不能靠說教，只能讓寶寶產生情緒體驗才

會有好的效果。媽媽可以選擇一些親情、交往方面的小故事，講給寶寶聽，讓寶寶感受故事裡人物的情緒，感受正確的情緒表達和交往方式。

第五節
17～18 個月能力發展測驗

17～18 個月寶寶的能力測驗

1. 認識幾種交通工具：汽車、馬車、腳踏車、飛機、火車、輪船等：

    A、6 種（12 分）

    B、5 種（10 分）

    C、4 種（8 分）

    D、3 種（6 分）

    E、2 種（4 分）（7 種以上每種遞增 1 分）

    以 10 分為合格

2. 認顏色：紅、黑、白、黃等：

    A、3 種（15 分）

    B、2 種（10 分）

    C、1 種（5 分）（3 種以上每種遞增 3 分）

    以 10 分為合格

3. 認數字或文字：

    A、3 個（15 分）

    B、2 個（9 分）

  C、1 個（5 分）（4 個以上每個 3 分，5 個以上每個 2 分，10 個以上每個 1 分遞增）

 以 9 分為合格

4. 認識家庭照片中的親人：

  A、6 人（14 分）

  B、4 人（12 分）

  C、3 人（9 分）

  D、2 人（6 分）

  E、1 人（3 分）（6 人以上每人增加 2 分）

 以 12 分為合格

5. 拿蠟筆畫長線，為魚點眼睛，會畫圓（封閉的曲線）：

  A、對 3 項（15 分）

  B、對 2 項（10 分）

  C、對 1 項（5 分）

 以 10 分為合格

6. 說出自己「1 歲」或伸食指表示：

  A、會說（6 分）

  B、伸指（3 分）

 以 6 分為合格

7. 背兒歌：

  A、整首（15 分）

  B、背兩句（10 分）

  C、背押韻字（6 分）（每首兒歌遞增 5 分）

以 10 分為合格

8. 幫大人拿東西，如拖鞋、椅子、日用品：

　　A、拿對 4 種（10 分）

　　B、3 種（8 分）

　　C、2 種（4 分）

　　D、1 種（2 分）（五種以上每種遞增 2 分）

　　以 10 分為合格

9. 自己端水杯喝東西不灑出來：

　　A、自己端水杯（5 分）

　　B、大人幫忙端（3 分）

　　C、用奶瓶（0 分）

　　以 5 分為合格

10. 自己會去上廁所：

　　A、白天不尿褲子（12 分）

　　B、偶爾尿褲子（9 分）

　　C、每次要大人提醒（6 分）

　　D、要人幫忙（0 分）

　　以 9 分為合格

11. 跑步：

　　A、自己漸慢停止（12 分）

　　B、扶人扶物停止（10 分）

　　C、大人牽著跑步（5 分）

　　D、不敢跑（記 0 分）（跑得快增加 3 分）

以 9 分為合格

12. 踢球：

A、不必扶物或扶人（9 分）

B、扶人扶物才踢球（6 分）

C、牽手踢球（3 分）（跑步踢球增加 3 分）

以 9 分為合格

結果分析

1、2、3、4 題測認智能力，應得 41 分；

5 題測手的技巧，應得 10 分；

6、7 題測語言能力，應得 16 分；

8 題測社交能力應得 10 分；

9、10 題測自理能力，應得 14 分；

11、12 題測運動能力，應得 19 分，共可得 110 分。90～110 分為正常範圍，120 分以上為優秀，70 分以下為暫時落後。哪道題在及格以下，可先複習上月相應試題，通過後再練習本月的題。哪道題在優秀以上，可跨月練習下月同組的試題，使優點更加突出。

第三章　寶寶 17～18 個月：學打電話「喂，喂」

寶寶 19 ～ 20 個月：
伸出手指學數數

第一節
開發寶寶的左腦：寶寶講話耐心聽

訓練寶寶的語言能力

多與寶寶說話。用詞要精確，禁用「兒語」，比如有的家長教汽車不叫「汽車」，叫「ㄅㄨㄅㄨ」，喝水不叫喝水，叫「咕嚕咕嚕」等。

給予寶寶良好的語言氛圍。充分利用便於背誦的兒歌，乃至唐詩宋詞，給予寶寶良好的語言氛圍。

要有極大的耐性。1 ～ 2 歲的寶寶對大人的話可能似懂非懂，而且自己

能弄清楚的單字語言也十分有限，可這個年齡的寶寶偏偏又有非常強烈的表達欲望。因此，往往會造成寶寶表達不是很清楚，或說話語速非常得慢。此時，家長一定要很有耐性地等待寶寶把話說完，並讓寶寶講明白。相信家長的這種認可，會讓寶寶找到更多的自信。也因此，寶寶的語言能力自然就能得以迅速地提高。

學表示五官的英文單字。爸爸說 nose（鼻子）、eye（眼）。同時用手指鼻子、眼睛，讓寶寶也跟著指，連續讓他練習幾次。以後爸爸自己不指，只說單字，看看寶寶能否指對。如果沒有聽錯，可以讓寶寶跟著讀單字，如果寶寶讀得正確，兩個人可以輪流讀出單字讓對方去指。學會了兩個單字，下次再接著學習 ear（耳朵）和 mouth（嘴）。

贏字卡。爸爸媽媽把寶寶學過的和準備學的文字，用硬紙板寫成字卡。每天晚飯後跟寶寶玩贏字卡的遊戲：寶寶拿到字卡後能自己讀出字卡上的字來，就能贏到一張字卡。寶寶贏到一堆字卡，就有了成就感，願意再學。爸爸媽媽用橡皮筋把寶寶已經熟悉的字卡捆起來，把當天新學的幾個字另作一捆，作為第二天複習用。每三天把以前學過的字溫習一次，週末把本周學到的再複習一次。經過週末複習的留作月底總複習，讓寶寶能把每次學到的字在第二天複習一次，三天后複習一次，週末和月末再複習一次。爸爸媽媽利用贏字卡的方法，使寶寶對學字有成就感。父母將複習時寶寶忘記的字放到新字堆裡，從頭再學，直到寶寶記住為止。新字卡的內容可以來自寶寶看過的故事、會背誦的兒歌、家裡的家具和寶寶喜愛的玩具。字卡的內容要與寶寶的生活息息相關，才容易讓他感興趣而且易於記住。

訓練寶寶的精細動作能力

多變的積木。準備 3 塊方積木，用 2 塊積木先搭橋墩，在橋墩上加上 1 塊積木做橋面，有些寶寶可在旁邊多加 1 塊，再在 2 個橋頂上再搭橋，出現 2 層的金字塔。寶寶會疊金字塔，顯示寶寶懂得堆積木的平衡原理，如果留的空隙太大，橋頂就不穩。完全沒有空隙，小船過不了橋洞，疊出來的金字塔也不好看。寶寶會自己衡量，留出合適的空隙，漸漸懂得堆積木時要考慮到積木的平衡。

準備 6 塊方積木和一本方形的小本精裝書。先擺出兩塊積木，在積木上面放一本厚的硬皮書當桌子，四面各放一個方積木當小椅子，就成了一組小餐桌。如果積木和厚書都有剩餘，就可以多搭幾組小餐桌，做成一個小餐廳。如果在一把尺或者一塊長的積木的兩端下面放兩塊方積木，搭成一條長的桌子，加上這些小餐桌組，就成一個路邊攤，或者賣許多食物的小吃部。如果把兩塊積木疊高放在長板一端下，一頭著地，又成了溜滑梯。如果在長板中央下面頂上一塊積木，再在長板上面兩頭各放一塊積木，就成了蹺蹺板。寶寶用積木可以模擬建造平時生活中常見的東西，使堆積木變得更有趣。

分色穿珠子。媽媽先給寶寶一些黃色和藍色的珠子，讓他練習穿珠子。他會先穿一個黃色的，再穿一個藍色的，隔一個換一種顏色，穿出來的珠子很漂亮。如果寶寶能穿得很長，媽媽可以把穿好的珠子替他掛在脖子上當項鍊；如果穿得不夠長，可以當手鍊，這讓寶寶有成就感。如果寶寶還願意再穿，可以拿出白色的和黃色的兩種珠子，先穿白色的珠子，再穿黃色的珠子，也是隔一個換一種顏色。這條項鍊也很漂亮，可以配顏色淡雅的衣服。寶寶穿珠子會越來越熟練。父母應鼓勵寶寶穿珠子時自己學著搭配不同

的顏色。

訓練寶寶倒米和倒水。用兩隻小塑膠碗，其中一隻放 1/3 碗白米或黃豆，讓寶寶從一個碗倒進另一個碗內，練習至完全不灑出來為止。再學習用兩碗倒水。

按大小套桶。按大小順序套上 6 ～ 8 層的套桶，能分辨一個比一個大的順序，而且手的動作協調，能將每一個套入，並且擺好。

訓練寶寶的數學邏輯能力

學數手指。媽媽伸出五根手指，和寶寶一起從大拇指開始數 1、2、3、4、5。讓寶寶自己數自己的手指，慢慢逐個數，要求手口一致地數。讓寶寶學數手指的目的，是學會點數，要求寶寶會點數 1 ～ 3。

認識長方形。媽媽拿一張黃色的正方形的大紙，問寶寶：「這是什麼形狀？」寶寶知道是正方形。媽媽把紙對邊折過來，壓平，出現了長方形。媽媽讓寶寶認識長方形，長方形有長邊和短邊。再把兩個短邊對齊折過來，把紙壓平，又出現了正方形。把紙交給寶寶，看看寶寶能不能把長方形再變回來。讓寶寶認識長方形，並知道正方形可以變成長方形，長方形也可以變成正方形。

訓練寶寶的視覺空間能力

分辨裡外。把黃色的積木和白色的積木放在一個盒子裡，讓寶寶把黃色的積木撿出來放到盒子外面。寶寶已經認識白色，很容易把白色的積木留下。盒子裡有黃、白兩件衣服，讓寶寶拿出一件黃色的衣服，看他是否能拿對。

　　比長短。拿兩枝鉛筆（小木棍也可以）讓寶寶比長短。可以讓寶寶把兩枝鉛筆的底部靠在桌上，高起來的一根就是長的鉛筆。寶寶可以拿兩條長積木比較，用同樣的方法比出哪條積木長些。比較軟的東西的長短，如兩條繩子，可以用手指捏住繩子的一頭，把繩子拉直，拉到後來有一根掉下來，仍在手上的一根就是長繩子。不過讓寶寶比較的繩子要盡量短一些，以免寶寶的手拉不過來。總之比較時一定要把一端對齊，這端可以靠著桌子、靠著牆、用手捏著一頭、把兩頭靠攏等，固定一頭，另外一頭哪根長就是長的東西。

　　比高矮。寶寶們都知道比高矮，兩位寶寶背對背站著，在兩人頭上放一本書，書翹起來的小朋友高些。如果比東西，如比醬油瓶高還是奶瓶高，可以把兩個瓶子放在桌面上比較。寶寶的玩具熊跟布娃娃比，把它們都放在桌上讓它們站起來，就能看出來哪個高一些了。讓寶寶學會把兩樣東西放在同一平面上來比一比，就分出高矮了。

第二節
開發寶寶的右腦：這是上，那是下

訓練寶寶的大動作能力

　　射門。用一個大箱子，或一張長椅當作球門，爸爸和寶寶輪流踢球入門，看誰進的球多。爸爸可以站得離「球門」遠一些，讓寶寶站得離「球門」近一些。如果還有小朋友來參加，爸爸可以當教練，讓兩個孩子一同練習踢球，訓練寶寶雙腳的協調配合。

第四章　寶寶 19 ～ 20 個月：伸出手指學數數

踩腳印。媽媽用紙為寶寶剪 10 ～ 12 個腳印，把腳印按左右腳排開，左右腳印之間的距離與寶寶的肩寬相同，每一步的距離比寶寶平時走的距離略大一些。讓寶寶跟著腳印走，一方面可以使寶寶學跨大步，另一方面可以使寶寶走路時雙腳放直，避免內八或外八。

走平衡木。父母去找一塊 20 公分寬、1 公尺長、3 ～ 5 公分厚的木板，放在地上，讓寶寶在上面練習走路。寶寶第一次在比地面高的板上走，有點害怕。多走幾次就好了，因為身體已經適應了木板的高度，可以來回地走，也可以雙手各提個小籃子走，或兩手各拿小鈴鐺，但要求走木板時不能把鈴鐺弄響。這個遊戲是讓寶寶學會保持身體平衡，如果身體不平衡，要學會依靠手來幫助身體維持平衡。手動時，鈴鐺會被弄響。雖然走厚木板容易，但是遊戲規則很嚴格，所以十分有趣。

跳遠訓練。與寶寶相對站立，拉著寶寶的雙手，然後告訴寶寶向前跳。熟練後可讓他獨自跳遠，並繼續練習從最後一級臺階跳下獨立站穩的能力。

跑與停訓練。在跑步熟練的基礎上，繼續練習能跑能停的平衡能力，如對寶寶喊「開始跑，一、二、三停」，要反覆練習。注意，大人要站在寶寶的前方，使寶寶易於扶停而不易摔倒。

訓練寶寶的適應能力

塗鴉。交給寶寶一枝筆、一張紙，讓寶寶在紙上塗鴉。不是教他如何畫畫，而是讓他體會信手塗鴉的樂趣，從中獲得對色彩和線條的敏感。

認識性別。透過家庭成員教寶寶認識性別，如「媽媽是女的，妳也是女的」，逐漸讓寶寶能回答「我是女孩」。也可以用故事書中圖上的人物問「誰是哥哥？」、「誰是姐姐？」以認識性別。

　　學數數。幼兒對物品大小、數量的認識是在對實物的比較中形成的，搜集大小材質不同的各類小物品，如積木塊、貝殼、鈕釦、小瓶蓋等，盡量讓寶寶用眼看，動手摸，開口說，透過多種感官參與活動，比較認識物品的大小和數量。還可配合教點數，如口讀數 1，手指撥動一個物品，讀 2，用手指再撥動一個小物品，讀 3，再撥動一個物品，教點數 1 ～ 3。學拿實物「給我 1 個蘋果」，「給我 2 個蘋果」等。

　　學會辨別長短與多少。用兩枝長度不同的鉛筆讓寶寶分辨哪枝長，哪枝短。再辨別筷子、繩子、辮子、裙子的長短。結合現實生活，如分蘋果，讓寶寶懂得多和少，和大人比身高知道高矮，翻書知道厚薄等。

　　分辨前後和上下。讓寶寶將兩手放在身體前面和後面，或把物品放在身前和身後，使寶寶明白前後。然後讓寶寶將物品分別放在桌子的上面或下面，練習分辨上和下。

　　學習物品用途。對物品用途的認知，是透過生活實踐獲得的。寶寶最喜歡認水果、點心的名稱，也漸漸學會飯菜的名稱，知道這些都能吃。寶寶認識自己的玩具名稱，知道玩具不能吃。最後才學會生活用品和衣服的名稱，將用的和穿的分開。

　　知道該怎麼辦。口渴時要喝水，肚子餓了要吃飯，睏了要睡覺，冷了要穿衣，熱了要脫衣，生病要去醫院等。

訓練寶寶的社交行為能力

　　安靜的遊戲。媽媽和寶寶一起坐下，閉上眼睛，安靜地聽外面的聲音。這時就會聽到各種聲音，比如遠方汽車跑過的聲音、貓叫聲、小鳥叫聲，刮大風、下雨、打雷的聲音，鄰居的電視聲、收音機的聲音等等。或者樓上有

第四章　寶寶 19～20 個月：伸出手指學數數

人走路、有東西掉在地上、搬動家具的聲音等，這些聲音平時也有，不過也許並未引起注意。只有靜下心來才能察覺到。安靜的遊戲會使平時好動的寶寶安靜片刻，讓他有一個平靜的心境，去傾聽周圍的聲音，探察聲音後面的祕密，讓他知道安靜下來也很有趣。

不要吵醒別人。午飯後，奶奶在房間裡睡覺，媽媽告訴寶寶：「奶奶睡著了，別吵醒她。」媽媽在一旁看書，讓寶寶在小桌上穿珠子。寶寶很想跟媽媽說話，媽媽用食指放在嘴前，表示不要吵。媽媽靜靜地踮起腳尖走過去，原來寶寶的繩子打結了，媽媽替寶寶把結打開，又踮起腳尖走回來。讓寶寶把娃娃放在椅子上，給它蓋上一條毛巾，寶寶也學媽媽的樣子，踮起腳尖走。媽媽要過來看看，寶寶把食指放在嘴前，讓媽媽也保持安靜，因為娃娃睡著了。媽媽懂得寶寶的用意，也很注意保持安靜。這樣做有兩個好處：其一，讓寶寶學會關心別人，不打擾別人睡覺；其二，讓寶寶學會保持安靜。

剛學說話的寶寶會不停地自言自語，成天咿咿呀呀，跑來跑去。讓他學會保持安靜，能使其身體得到休息。

學做家事。一定要培養寶寶做一些力所能及的簡單家事。堅持讓寶寶模仿家長做簡單的事，如拿拖鞋、拿衣服、搬小椅子、分碗筷等。不論做得好或不好，一律由衷地讚美他。

教寶寶禮貌地說話。家長與寶寶對話，或與他人交往中，應注意禮貌，如「您好」、「謝謝」、「晚安」、「請」等。寶寶在潛移默化中也就自然而然地學會了禮貌待人的品德和相應用詞。

繼續培養人際互動能力。提供跟同齡孩子一起玩的機會，為孩子準備活動場所和玩具，如沙坑、積木、捏麵團、水盆等，讓他和幾個孩子一起玩。和同伴玩時，玩具數量要充足，以免發生糾紛。

　　判斷是與非。在寶寶與他人交往中，繼續教他是非觀念。如他出現打人、咬人的行為時，大人要用語言、手勢、眼神暗示他，增強寶寶的控制力，且制止這種行為。對寶寶不良行為的制止要及時，態度要堅決，但不要打罵，更不能庇護、嬌縱。

　　手心手背。爸爸、媽媽和寶寶可以在一起玩遊戲，爸爸命令：「手心。」大家把手心向上，如果寶寶不會可以看著媽媽，模仿著把手心翻向上。爸爸再命令：「手背。」

　　大家又把手背翻向上。先練習幾次，以後誰做錯了，就讓誰來命令。寶寶如果說不出來，可以用手來表示，讓寶寶有帶動遊戲的積極性。這個遊戲可以訓練寶寶聽從命令的能力。

訓練寶寶的音樂能力

　　用鼓敲節拍。爸爸媽媽一同唱兒歌，一面唱一面拍手。給寶寶一顆小鼓和兩根小棍，讓寶寶自由地敲鼓，看寶寶鼓敲得是否合拍。如果寶寶能夠準確地打拍子，爸爸媽媽只唱歌不拍手，讓寶寶自己掌握節拍。爸爸媽媽可以再換一首歌，媽媽負責唱，由寶寶自己打拍子，看寶寶的鼓點是否能敲對。節拍是音樂的三大重點之一，是孩子們最早能掌握的能力，有些寶寶在 6 ～ 7 個月時會按節拍揮動手和腳，或者敲床欄。

　　父母可以記錄寶寶能準確地自己主動打節拍的月齡，以評估寶寶的音樂能力。

　　踩腳搖動身體。當寶寶聽到自己喜歡的音樂時，會不由自主地踩腳或搖動身體表示高興。爸爸媽媽可以從寶寶的表情中判斷出寶寶喜歡哪一類樂曲。可以讓寶寶聽兒童歌曲、舞曲、進行曲、小夜曲、搖籃曲等。

無論古典音樂、流行音樂、電視插曲、戲曲等都可以讓寶寶欣賞。寶寶喜愛的樂曲基本上會與父母喜愛的樂曲相同。

第三節
為寶寶左右腦開發提供營養：綠色蔬菜養出聰明寶寶

影響身高成長的因素

每個父母都希望自己的寶寶將來能長得高一些，那麼父母就要從小就給寶寶補充充足的營養，以滿足寶寶生長發育的需求。那麼影響寶寶身高的身高的因素都有哪些呢？

遺傳因素

身高和遺傳有著較為密切的關係，一般來說，如果父母的身高較高的話，那麼其子女的身高也會比較高，如果父母的身材比較矮小的話，那麼其子女的身高可能也不會太高。雖然這不是絕對的定論，但科學研究證明，人類身高的 75% 是由遺傳因素決定的。

營養因素

在後天的各種影響身高的因素中，營養至關重要，不僅包括寶寶出生後的營養，而且包括孕期媽媽的營養。所以，準媽媽在妊娠期間要特別注意飲食的合理搭配，均衡攝取各種營養，使胎兒在母體中就能獲取良好、足夠的養分，為日後的健康成長打下基礎。在寶寶出生之後，父母要確保其生長發育所需的四大營養素：蛋白質、礦物質（尤其是鈣和各種微量元素）、維他命

和脂肪酸。另外，過多攝取糖和鹽會阻礙寶寶身高的成長，所以父母不宜讓寶寶進食太多甜點、果汁、可樂以及含鹽量較高的食物等。要從小就讓寶寶養成飲食清淡的好習慣，少吃那些經過加工的食品，如火腿、香腸、漢堡、肉鬆等，因為這些食物中的磷和添加物會影響鈣質的吸收，影響寶寶的骨骼發展。

運動因素

科學研究發現，運動有利於寶寶長高。寶寶經常在戶外活動的話，陽光的照耀會促成身體內的維他命 D 的合成，從而促進鈣質的吸收，有利於身高的發育。充足的運動還有利於血液的循環和新陳代謝，能為骨骼的生長創造良好的環境。

燕麥片能促進寶寶的智力發展

燕麥又稱皮燕麥，也常被稱為「筱麥」和「玉麥」。燕麥是一種營養價值很高的食物，對促進寶寶的智力發育有極大的好處。

燕麥營養豐富，每 100 克燕麥中的蛋白質含量高達 15 克，脂肪約 7 克，碳水化合物約 62 克，此外燕麥還含有極其豐富的亞油酸，占全部不飽和脂肪酸的 35％到 52％。每 100 克燕麥中含鈣 50 ～ 100 毫克，維他命 B 群的含量更是居各種穀類食物之首，尤其富含維他命 B1，能夠彌補白米白麵在加工中丟失的大量維他命 B 群。燕麥所含蛋白質中的離胺酸含量很高，具有促進寶寶智力發育和骨骼生長的作用，還可治療食慾不振和消化不良等症。

燕麥是穀物中唯一含有皂素的作物，它可以調節人體的腸胃功能，降低膽固醇。因為燕麥中同時富含可溶性纖維和非可溶性纖維。可溶性纖維可大量吸收體內膽固醇，並排出體外，從而降低血液中的膽固醇含量；非可溶性

纖維有助於消化，能預防寶寶便祕。而且燕麥還能很好地清除寶寶體內的垃圾，預防肥胖症的發生。

　　燕麥符合營養學家所提倡的「粗細搭配、營養均衡」的飲食原則，能滿足人體生長發育的需求。燕麥不但是 1 歲以上寶寶的營養食品，其實也是全家人的健康之選。

讓寶寶愛上吃蔬菜

　　蔬菜含有豐富的維他命和礦物質，是人類不可缺少的食物。但是，我們常常看到有的孩子不愛吃蔬菜，或者不愛吃某些種類的蔬菜。兒童不愛吃蔬菜有的是因為不喜歡某種蔬菜的特殊味道；有的是由於蔬菜中含有較多的粗纖維，兒童的咀嚼能力差，不容易嚼爛，難以下嚥；還有的是由於兒童有挑食的習慣。採用一些巧妙的方法，可以激起孩子吃蔬菜的欲望。

1、吃蔬菜要先莖後葉

　　大多數寶寶不愛吃蔬菜，是由於小時候被成團的菜葉卡住過喉嚨所致。因此，媽媽替寶寶添加蔬菜時，選擇蔬菜要按照先莖後葉的原則，避免寶寶被多纖維蔬菜噎到，特別是芹菜這樣的蔬菜。可先選擇一些纖維相對較少的蔬菜讓寶寶嘗一下，再過渡到梗多的蔬菜。

2、使蔬菜變得五顏六色

　　一提起蔬菜，你的腦海中是否浮現出一個單色的調色板：花椰菜、菠菜……一切都是綠色。但其實蔬菜也是色彩斑斕的，有紅、黃、紫……每種顏色的蔬菜都能為餐桌增添新的維他命和礦物質。可以把紅蘿蔔、切片瘦肉和青椒等等搭配在一起，盤子裡五顏六色，會引發寶寶食慾。

3、把蔬菜「藏」在麵皮裡給寶寶吃

不少寶寶喜歡吃有餡的食品，將蔬菜混著肉一起裹在麵皮裡做成有餡的食品，做成餡之後的蔬菜原來的味道也會變得比較淡，寶寶接受起來自然也容易些。

4、不強制寶寶吃不喜歡的蔬菜

避免寶寶日後不吃蔬菜的最有效的方法，是在 1 歲以前就讓他們品嘗到各種不同口味的蔬菜，打下良好的飲食習慣基礎。一些有辣味、苦味的蔬菜，不一定非強制寶寶去吃，包括味道有點怪的茴香、紅蘿蔔、韭菜等，以免嚴重地傷害寶寶的心理。

5、告訴寶寶吃菜益處

適時地告訴寶寶多吃蔬菜有什麼好處，不吃蔬菜會引起什麼不好結果，並有意識地透過一些故事讓寶寶知道，多吃蔬菜會使他們的身體更健康，更不容易生病。

6、將蔬菜做成健康沙拉

不要再做單調的炒青菜，而是蔬菜中拌入生薑、醬油、米醋、料酒和芝麻油，製成蔬菜沙拉，換下口味，寶寶也許會喜歡。

7、替蔬菜披上一層美麗的外衣

寶寶通常喜歡外觀漂亮的食物，媽媽要盡可能把蔬菜做得色彩和形狀都更漂亮些。把不同的色彩配在一起，將蔬菜擺出不同的可愛形狀等等。

8、嘗試新口味

根據營養學家分析，很多人不喜歡吃蔬菜是因為他們已經厭倦了經常吃

的蔬菜的味道，也不知道其他蔬菜是何滋味。營養學家李伯特介紹了自己的經驗：「你只要試著去吃些從未嘗過的蔬菜，也許你就會喜歡上那種味道，說不定就吃上癮了。」因此，去菜市場挑選那些平常少吃的蔬菜吧，寶寶也喜歡新意。

9、以更適合寶寶口味的方法烹調

改變烹調方法，是讓寶寶愛上蔬菜的一個重要步驟。有的菜炒過以後，味道就會變得不太好接受，媽媽可以把這些蔬菜做成涼拌菜。如寶寶愛吃肉，可以在燉肉的時候裡面配一些馬鈴薯、紅蘿蔔、蘑菇等蔬菜，讓蔬菜的味道變得更好接受。

10、從興趣入手培養寶寶喜歡蔬菜

不要為了讓寶寶吃蔬菜而輕易給承諾，這樣會使他們更認為吃蔬菜是一件苦差事。正確的做法是培養寶寶對蔬菜的興趣，對蔬菜產生唯美的感官認知。兒童心理學家認為，鄉下的孩子幾乎很少有厭惡吃蔬菜的現象，就與從小形成的這種意識相關。媽媽可透過讓寶寶和自己一起挑菜、洗菜來提高他們對蔬菜的興趣，如洗黃瓜、番茄或折四季豆等。吃自己挑過、洗過的蔬菜，寶寶一定會覺得很有趣。

第四節
適合寶寶左右腦開發的遊戲：小兔子乖乖

捉蝴蝶──學跳舞

遊戲目的

鍛鍊寶寶肢體協調能力。積極活動身體，學習按照節拍進行活動，可以促進寶寶大肢體動作能力綜合發展以及反應能力，提高其動作連續性和準確性。音樂和舞蹈都是人們表達情感的形式，讓寶寶從小覺知音樂和舞蹈的美感，可以激發其潛在的創造力，使生命更富活力。

遊戲準備

樂曲一首。

遊戲步驟

1. 媽媽先做示範動作
2. 放音樂，配合音樂和寶寶一起做動作。

　　附：兒歌〈捉蝴蝶〉

　　蝴蝶蝴蝶飛飛，（兩手在體側平舉，上下擺動）

　　寶寶寶寶追追。（兩手握拳在身體兩側，前後擺動）

　　青蛙青蛙跳跳，（曲臂兩手掌朝前，上下跳動）

　　寶寶寶寶笑笑。（兩手握拳食指朝臉蛋，頭左右擺動）

遊戲提醒

1. 給寶寶選擇歌曲和舞蹈時一定要考慮其年齡特點，選擇一些與寶寶生活接近的、適合他的曲目。

2. 播放〈小毛驢〉、〈老鷹抓小雞〉、〈拔蘿蔔〉等歌曲，讓寶寶自己根據歌曲做動作。

堆積木

遊戲目的

發展寶寶手部精細動作和想像力，鍛鍊寶寶手、眼、腦等器官協調並用的功能，發展寶寶的空間概念，從而開發其右腦。

遊戲準備

積木。平時帶寶寶出去時，多讓寶寶觀察周遭事物的形狀。

遊戲步驟

1. 父母和寶寶一起用積木堆成各種物品的形狀，如高樓、火車、小桌子、椅子、沙發、船、小房子等。

2. 家長可以先用積木堆成一輛火車或汽車，讓寶寶說出所堆的物品是什麼。

3. 然後讓寶寶自己堆物品，隨心所欲地堆自己喜歡的東西。

遊戲提醒

父母可以指導寶寶按積木圖示的圖案進行創造，啟發寶寶的想像力。

寶寶翻山越嶺

遊戲目的

　　鍛鍊寶寶爬行能力。這個時期的寶寶雖然學會了走路、跑跳，但爬行對他們來說仍然是一個很重要的活動項目。這個遊戲可以訓練寶寶的爬行和翻越能力，促進其大腦的發育。攀爬的過程不僅是對體力的訓練，更是對意志力的磨煉。意志力強的人長大後能夠面對困難，勇於迎接挑戰。

遊戲準備

　　床上或地板上。

遊戲目的

1. 爸爸俯臥在床上，腰略拱起，讓寶寶在爸爸的腿部和背部爬上爬下。
2. 多次練習後，爸爸用手臂支撐在床上，跪下，使體位抬高，引導寶寶從爸爸腿部向背部爬行。
3. 當寶寶爬到爸爸背部時，讓寶寶將雙臂繞在爸爸的頸部，爸爸背著寶寶來回爬行，然後將寶寶從背上滑放到床上。
4. 在家中準備一塊較大的活動場地，讓爸爸和寶寶比賽，看誰爬得快。

遊戲提醒

1. 在遊戲過程中要鼓勵寶寶大膽向上爬，增強寶寶戰勝困難的勇氣。
2. 寶寶爬的時候，媽媽要在旁邊保護，以免寶寶玩得過於興奮，發生意外。

花樣走

遊戲目的

提高寶寶的控制和平衡能力。學習雙腳前後交替相接前進，可以有效提高寶寶行走能力，讓他感受行走帶來的樂趣，增強獨立行走的信心。讓寶寶從小感受挑戰的樂趣能使其情緒比較穩定，遇到困難不會慌亂、逃避，從容接受挑戰。

遊戲準備

在地上畫出一條直線或弧線。

遊戲目的

1. 媽媽示範走直線。雙腳前後相接，即用右腳尖接左腳跟、左腳尖再接右腳跟，交互前進，身體保持平衡。
2. 鼓勵寶寶走直線，兩手側平舉，以保持身體平衡。
3. 以後可以在寶寶手上放兩個小玩具，要求寶寶走直線時手上的東西不能掉下來。
4. 等寶寶熟悉後，還可以走弧線。

遊戲提醒

1. 剛開始寶寶會覺得比較困難，也達不到要求，不要強迫寶寶，讓他走起來就可以了。
2. 可以靈活變化玩的方法，不要讓寶寶覺得枯燥。

帶寶寶野外踏青

遊戲目的

提高寶寶綜合運用感官的能力。這個時期的寶寶經過多方面訓練，已經具有了良好的發展能力，有意識地引導，將會促進寶寶綜合運用感官的能力，並學會觀察事物的方法。豐富的刺激和感受，讓寶寶領略大自然的神奇和美好，可以提高寶寶探索自然的興趣和能力，養成善於探索、善於發現的良好習慣。

遊戲準備

春暖花開的時節，帶寶寶到郊外去。

遊戲步驟

1. 引導寶寶說出天空的顏色、白雲的形狀。讓寶寶說說風吹在臉上是什麼感覺。
2. 引導寶寶觀察大樹的高度、小河的流動，辨別花朵的色彩，聽聽小鳥的歌聲，找一找小鳥的家在哪裡。
3. 引導寶寶聞一聞空氣裡泥土和小草的味道。
4. 在出遊的時候教寶寶唱兒歌。

   附：兒歌〈春神來了〉

   春神來了怎知道？梅花黃鶯報到。

   梅花開頭先含笑，黃鶯接著唱新調。

   歡迎春神試身手，快把世界改造！

1. 選擇郊遊的地點不宜太遠，以免寶寶途中過於疲勞，失去遊玩的興趣。

2. 注意看護寶寶，防止發生意外。

樹葉沙沙響

遊戲目的

動作技能訓練。訓練寶寶快步走、踩踏等動作技能，提高寶寶的運動能力，增強體能。玩是寶寶的天性和主要生活內容，快樂的戶外遊戲，可以讓寶寶感受玩的愉悅，產生快樂情緒，從而形成開朗熱情的性格。

遊戲準備

外面有落葉喬木的場地，如公園、校園等。

遊戲步驟

1. 媽媽帶著寶寶到戶外走一走，如公園、校園等，引導寶寶觀察樹葉飄落的景象。

2. 媽媽撿起一些樹葉捧在手裡，高高地舉起再撒下來，說：「下雨啦。」

3. 讓寶寶去抓撒下的樹葉，媽媽在前面跑，寶寶在後面追。

4. 讓寶寶踩一踩樹葉，再讓寶寶撿起樹葉，用一根樹枝串起來，玩「賣羊肉串」的遊戲。下雨的時候帶寶寶出去踩踩雨水，聽一聽小雨「沙沙」的聲音吧，你想像不出寶寶會有多麼快樂呢！

遊戲提醒

帶寶寶在戶外玩耍，媽媽只要注意寶寶的安全即可，對寶寶玩的方式不要過多干預和指責。

上下樓梯我可以

遊戲目的

提高寶寶的整體運動能力。這個時期寶寶的雙手和雙腿動作的協調性、自主性、靈活性大大增加，這個遊戲能夠有意識地鍛鍊寶寶爬樓梯的能力，加強腿部力量，提高整體運動能力。未來社會需要充滿獨立精神和性格堅毅的人才，從小有意識地培養，使寶寶日後能夠更好地適應社會的需要。

遊戲準備

一些寶寶熟悉且喜愛的玩具。

遊戲步驟

1. 爸爸、媽媽帶寶寶來到樓梯邊，媽媽拿著玩具在樓梯上逗寶寶。
2. 鼓勵寶寶自己扶著欄杆爬上樓梯拿玩具。過程中媽媽要不斷鼓勵和稱讚。
3. 爸爸可站在寶寶身旁給予保護，但是不要牽著寶寶的手走。

遊戲提醒

1. 樓梯不要太陡，以防摔傷。
2. 如果寶寶沒有自己扶牆或扶欄杆上樓梯的意識，媽媽可以扶著他的手，逐漸過渡到寶寶自己扶牆或扶欄杆上樓梯。
3. 生活中需要上下樓梯時，應鼓勵寶寶自己走，逐漸做到寶寶能獨自走樓梯。
4. 爸爸、媽媽千萬不要在寶寶走樓梯時包辦代替，但一定要注意安全。

小兔子乖乖

遊戲目的

安全教育。給寶寶營造安全舒適生活的同時，還應加強安全意識教育。這個遊戲，可以提高寶寶的警惕，讓寶寶明確「不能幫陌生人開門」的簡單道理。潛移默化的教育可以使寶寶增強分析事物的能力，提高辨別能力，為今後的學習和生活打下良好心理基礎。

遊戲準備

家中或室外較大的遊戲空間。

遊戲步驟

1. 媽媽告訴寶寶《狼與七隻小羊》的故事，讓寶寶了解故事情節。
2. 寶寶裝扮成羊寶寶，媽媽扮作羊媽媽去採蘑菇，和寶寶說「再見」。
3. 爸爸裝扮成大野狼，捏著嗓子說：「小羊乖乖，把門打開，我是媽媽。」
4. 寶寶說：「啊，是媽媽回來了！」跑去「開門」。
5. 「大野狼」一進門，就把寶寶「吃」了。
6. 再進行第二遍，寶寶就說：「你不是媽媽，不幫你開門。」

遊戲提醒

1. 家人要和寶寶多接觸，讓寶寶能夠熟識家人和朋友。
2. 讓寶寶了解什麼是陌生人。

第五節
19～20個月能力發展測驗

19～20個月寶寶的能力測驗

1. 9～10張物名相同的圖片當中，找出哪幾張完全相同：

   A、3對（10分）

   B、2對（6分）

   C、1對（3分）

   以10分為合格

2. 當著寶寶的面把娃娃藏在第一個地方，再取出來藏到第二個地方，有寶寶能否找出：

   A、馬上找出（9分）

   B、到第一個地方尋找（6分）

   C、亂找（0分）

   以9分為合格

3. 說明物品用途：肥皂、碗、湯匙、剪刀、鑰匙、鞋、筆、娃娃、枕頭、梳子：

   A、對6種（16分）

   B、對5種（14分）

   C、對4種（12分）

   D、對3種（9分）

   E、對2種（6分）

　　　以 12 分為合格

4.　積木堆高樓：

　　　A、10 塊（10 分）

　　　B、8 塊（8 分）

　　　C、6 塊（6 分）

　　　D、4 塊（4 分）

　　　E、積木堆橋（加 4 分）

　　　以 10 分為合格

5.　珠子：

　　　A、穿上 2 顆（12 分）

　　　B、穿上 1 顆（9 分）

　　　C、穿入別針後（6 分）

　　　D、穿上套環（3 分）（2 顆以上每顆加 3 分）

　　　以 9 分為合格

6.　拿著寶寶的衣服問「這是 ××× 的吧？」回答：

　　　A、「我的」（10 分）

　　　B、「寶寶（名字）的」（8 分）

　　　C、拍拍自己（4 分）

　　　D、點點頭（2 分）

　　　以 10 分為合格

7.　背兒歌：

　　　A、背誦全首（10 分）

　　　B、背前兩句（8 分）

C、背押韻的字（4 分）

D、不會（0 分）

以 10 分為合格

8. 小朋友在一起時：

A、有笑容，喜歡跟小朋友在一起（12 分）

B、動手搶別人的玩具（10 分）

C、躲開別人自己玩（8 分）

D、在母親身邊不與別人接近（4 分）

以 12 分為合格

9. 做家事：擦桌子、拿東西、撢灰塵、把東西放好、掃地：

A、4 種（12 分）

B、3 種（9 分）

C、2 種（6 分）

D、1 種（3 分）

以 9 分為合格

10. 衣服：

A、脫去已脫一袖的上衣（9 分）

B、拉下鬆緊帶褲子（8 分）

C、解開褲子（7 分）

D、能伸手仰頭讓大人脫（2 分）

以 9 分為合格

11. 倒著走：

A、7 步（7 分）

B、5 步（5 分）

C、3 步（3 分）

D、2 步（2 分）

以 5 分為合格

結果分析

1、2、3 題測認智能力，應得 31 分；

4、5 題測精細動作，應得 19 分；

6、7 題測語言能力，應得 20 分；

8 題測社交能力，應得 12 分：

9、10 題測自理能力，應得 18 分；

11 題測運動能力，應得 5 分。共計可得 105 分。總分在 85 ～ 105 分之間為正常，115 分以上為優秀，70 下為暫時落後。哪道題在及格以下，可先複習上月相應試題，通過後再練習本月的題。哪道題在 A 以上，可跨月練習下月同組的試題，使優點更加突出。

第五章

寶寶 21 ～ 22 個月：
自娛自樂玩「樂器」

第一節
開發寶寶的左腦：一個蛋糕分三份

訓練寶寶的語言能力

引進形容詞。教寶寶說：「媽媽漂亮」、「爸爸高大」，到公園看到草地，教他說「碧綠的青草」；看到泉水，可以說「潺潺的流水」；看到小鳥，說「美麗的小鳥」。

跟爸爸媽媽對話。在 18 ～ 20 個月之間，許多寶寶開口說話了，他們說出的話並不易懂，有時像打電報一樣，如「開──蕉」是讓爸爸媽媽剝開香

蕉；「球──桌──去」是說皮球滾到桌子下面去了。不過寶寶會用手去指，使父母理解他的話。寶寶如果早點學會說押韻詞，開口說話後就能很快會背整首兒歌，而且會說兩三個字的話。如「要蘋果」、「拿去」、「爸爸走」等。從 1 歲半到 2 歲之內，寶寶說得最多的是名詞，有時加上動詞。後 3 個月說話能力發展較快，這 3 個月內寶寶能說的詞從 50 個發展到 200 ～ 300 個，有些寶寶能說 7 ～ 9 個字的句子。各個孩子語言發展的差異很大，這一段時期有些寶寶還不會叫媽和爸，個別孩子 21 個月會背 2 首完整的兒歌，22 個月能跟爸爸媽媽對話，句子達 7 ～ 8 個字，會向父母學說話「不對，是他打我」，有時還會用動作表示等。

父母用看圖書講故事教寶寶說話的辦法，對這兩種寶寶都同樣有效。還不會稱呼父母的寶寶可以繼續用手指圖來回答問題，只要他聽得懂，慢慢學習也會說話的。

圖畫書對語言發展快的寶寶更加有用，有些寶寶能記住整句話。爸爸媽媽不在時寶寶會自己翻開書來看圖背故事，如同認識字一樣。有時寶寶們也會把整句話背出來，他們說話的能力會越來越好。

認書名。媽媽找一本寶寶經常看的故事書，讓寶寶學認書名的幾個字，如《寶寶認知小書》或《世界童話》。有些書會直接標上故事的名稱，如《狼與七隻小羊》、《小紅帽》等。寶寶聽過故事，就很容易說出故事的名字來，然後逐字認讀，就很容易記住這幾個字了。有些寶寶在 2 歲前後已經認識 200 ～ 300 個字，對於逐字認讀已經失去了興趣，因此媽媽要把寶寶認識的字應用起來，尤其是讓寶寶學會認書名，或者打開一頁讓寶寶也能認出其中幾個字。寶寶知道認字可以看書，就會要求認識自己還不會的字，使他認字的積極性再度上升。

學英語認水果。媽媽拿出 3 ～ 4 種水果圖片，對照水果圖片用英文和中文將其名稱逐字教給寶寶，如 banana（香蕉）、apple（蘋果）。先讓寶寶聽媽媽說名稱，然後依名稱取出水果圖片。練習幾次後，改為媽媽指物，寶寶說出英語單字。然後再接著學。Orange（橘子）、pear（梨），也是先學聽名拿物，後學說出物名。

最後將兩組學過的水果放在一起讓寶寶練習，也是先練聽名取物，後練說出物名。平時吃到這些水果時，媽媽就隨時給寶寶複習，以強化記憶。2 歲前後寶寶可以記住相當多的單字，只要經常複習，寶寶就容易記住。

訓練寶寶的精細動作能力

按紅黑白黃的次序穿珠子。上個月媽媽只讓寶寶用兩種顏色的珠子來交替穿珠，穿出來的珠串只有兩種顏色。現在讓寶寶把上次穿的兩串珠子合併起來，變成有四種顏色的串珠，這對寶寶來說有一定的難度。讓寶寶先穿上不同顏色的四顆珠子，留出一段繩子，照這四顆珠的顏色順序穿後面的珠子，一段一段穿，才不會出錯。這既練習了孩子手部精細動作，也提高了他們按次序做事的邏輯智能。

套圈圈。媽媽準備幾個動物玩具如兔子、長頸鹿等作為套圈玩具。然後把作為目標的動物放在離寶寶約 30cm 處，讓寶寶手上拿幾個大圈。媽媽先做示範，把一個圈扔出，套在動物的身體上。有些玩具會發出聲音以示鼓勵。接著讓寶寶自己練習扔出套圈，看看是否能套住目標，如果套得很好，可以把套圈的玩具動物向後移，拉大玩具與寶寶間的距離。

如果沒有套圈玩具，可以用一個空的醬油瓶來代替目標。用粗鐵絲或硬的塑膠繩或熱熔膠自製套圈，也可以讓寶寶玩得很高興。

定型撕紙。用縫紉機把紙紮出一定形狀，按照針孔撕紙，使之出現圓形、三角形、正方形、長方形，讓寶寶學做。

拼插玩具，媽媽教寶寶玩拼插玩具，如插木頭人。木頭人有頭、身體和底座，頭上有帽子，兩側有手。媽媽先做示範，在底座上先插上身體，然後插上頭，頭上戴上帽子，身體兩邊插上手就完成了。接著，媽媽把木頭人拆開，讓寶寶自己拼插。因為木頭人的拼插很簡單，寶寶能明白，所以很容易就能學會。

塑膠的拼插玩具很多，寶寶可以先學比較容易的樂高玩具。媽媽先照著圖用 4～5 塊插成一件東西給寶寶做示範，再拆開讓寶寶自己拼上。讓孩子學習拼插既鍛鍊他手的技巧，同時他要想像每一塊應當插在哪個部位，即把進入視覺的訊息，輸入大腦進行分析，大腦再指導手的操作，是感覺統合的練習之一。感覺統合有困難的孩子拼插能力落後，只有經常與同齡兒童一起玩，才能及早發現感覺統合失調。

訓練寶寶的數學邏輯能力

分一半和分三份。早上寶寶吃不了一個饅頭，媽媽用刀切開饅頭，分一半給寶寶，自己吃另一半。第二天讓寶寶來分饅頭，寶寶把饅頭分一半給媽媽，自己留一半。以後寶寶知道可以用刀來分饅頭、蛋糕、香蕉等食物。

晚上爸爸回家，有好吃的要分三份，寶寶看著媽媽用刀把蛋糕分成三份，寶寶可以試試，分得不準確也不要緊。寶寶知道分兩份和分三份不同，分兩份可以在中間切開，分三份要先切一小半，再分另外那一大半。有了這些體驗，以後如果和小朋友在一起時，要分東西吃，他就會分了。

認半圓形。媽媽分大餅，先在中間切一刀，圓形的餅就成了兩個半圓

形。再讓寶寶知道把兩個半圓形合攏，就成了圓形。寶寶自己學著把圓餅分成兩個半圓形。認識圓形後再認半圓形並不困難，記住名稱就可以了。半圓形也是一種幾何圖形，以後學數學時會用到。

認 4。當旗升上旗桿以後布面會往下垂，整個旗子就會如同 4 一樣，所以 4 像一面旗子。如果帶寶寶去看升旗，寶寶就會記住 4 的外形。父母教寶寶學寫 4 時，讓寶寶從上面開始，先畫斜的布面，再畫豎的旗桿。寶寶用畫圖的心態去寫 4 就很容易成功。

跳跳床數數。寶寶很愛跳跳床，因為跳床有彈性，寶寶不容易感到疲勞。開頭時爸爸媽媽替寶寶數數，教寶寶數，跳一下數一下，從 1 數到 5，漸漸地寶寶學會了自己邊跳邊數。

寶寶最容易數錯的地方是 9 ～ 10，19 ～ 20，29 ～ 30。父母在寶寶容易數錯的地方幫個小忙，很快寶寶就能自己數數了。有些寶寶能數到 20，少數能數到 30 或 40。早晨跑步時父母也可以跟寶寶一起數數。

數到 5 時休息一會，再從頭數起，跑步回家時接著數。在運動時讓寶寶數數，比坐著數數有趣。許多寶寶不願意特地學數數，而是喜歡邊玩邊學。

訓練寶寶的視覺空間能力

用套碗排大小。媽媽可以在套碗的碗底貼上數字，讓寶寶自己按大小順序來排列，從最小的開始，一個比一個大，一直排到第三個。如果寶寶不能確定哪一個大些，可以讓寶寶將碗比較一下。如果寶寶認識數字，可以按數字的排列順序來排隊。排好隊後，先把最大的放在下面，按順序一個一個扣著擺上，就變成了一座塔。

拼切成 3 塊的拼圖。父母可以自製這種簡易的拼圖，將一幅內容簡單

的動物圖或水果圖貼在硬紙上即成一幅完整的拼圖。可以用多種方法將圖切成 3 塊。

1、平行切兩下

如果是一幅牛的圖，父母可以將它平行切成片，第一片有頭，第二片有身體，第三片有尾巴。這樣，寶寶看著圖片就知道哪一片應當放在哪裡。如果是一幅蘋果的圖，平行切開時，第一片為蘋果的左側 1/3，第二片為蘋果當中帶枝葉的部位，第三片為蘋果的右側 1/3。當寶寶拿到第一片圖時，他要考慮到底應放在哪一側。有些寶寶很聰明，他先找中間有枝葉的一塊，把枝葉朝上放好，然後拿旁邊兩塊邊比邊放。旁邊的兩塊是需要比著放的，因為初看時難以判斷哪頭朝上，所以不能決定它們哪一塊放在左側，哪一塊放在右側。如果寶寶學會照著圖的邊緣拼就能拼對。

2、丁字切法

如果是一幅牛的圖，用丁字切法將圖片分為三片，即第一片有頭，第二片有背，第三片有腹部和腿。寶寶會先擺好頭部，如果看見第二張牛的背部會橫著放，拼第三片就不困難了。有些寶寶會豎著把牛的背部與頭部擺在一起，但又合不攏。如果寶寶試著先把第二片牛背放在上面，第三片腹部和腿放在下面，合攏後再和頭擺在一起，就能擺成功。蘋果圖按丁字切法有兩種可能，一種先橫著切，把有枝葉的部位切成第一片，再將下半部平分為兩片。寶寶先擺有枝葉的一片，再合攏另外兩片，然後放在第一片下方即成。另一種方法是先豎切，再把蘋果的有枝葉部分和底部切開。寶寶先拼有枝葉部分和底部，再合上另一片即成。爸爸媽媽先讓寶寶自己試，實在有困難時再示範和講解，使寶寶懂得如何分辨各部分應放的位置，以培養寶寶辨認空

間方位的能力。

第二節
開發寶寶的右腦：握著鉛筆學寫字

訓練寶寶的肢體動作能力

學兔子跳。媽媽跟寶寶一起，把雙手的食指和中指豎起來放在頭上，然後身體略蹲下，學兔子跳，雙腳要同時跳起。如果一家三口在戶外玩，可以用粉筆在地上畫兩個圈分別作為兔媽媽和兔寶寶的家。爸爸躲在樹後當大灰狼，媽媽帶著寶寶在圈外玩，看到大灰狼出來了馬上用兔子跳的辦法跳回家。如果爸爸先占了誰的家，誰就出去當大灰狼。開始玩這個遊戲時，爸爸不要去占寶寶的「家」，以免讓寶寶害怕。等寶寶學會了兔子跳，而且看到爸爸媽媽玩得很高興時，再偶爾占1～2次寶寶的「家」，以使他保持警惕，知道不能離開「家」太遠，否則難以及時跳回去。

用腳尖走路。中午媽媽睡午覺了，爸爸和寶寶為了不吵醒媽媽，輕輕地用腳尖走路。寶寶要穿軟底鞋才容易踮起腳尖。在練習時讓寶寶用一隻手扶著椅子或其他家具，先練一隻腳跟提起，再練兩隻腳跟同時提起，然後扶著東西學走路，再讓爸爸牽著寶寶用腳尖走。每次讓寶寶學走短短一段路，再把腳底放平走，使小腿的肌肉得到放鬆。不能讓寶寶長時間用腳尖走路，以免小腿肌肉緊張過度。短時間的練習一方面讓寶寶學會走路輕盈，一方面也有利於腳弓的形成。

騎「三輪車」。讓寶寶自己騎小三輪車，必要時可用小繩拉著，幫助他用

力。逐漸練習使寶寶能獨立騎「三輪車」往前走。

訓練寶寶往高處爬。讓孩子搬個板凳放在床前或沙發前，先上板凳，上身趴在上面，然後把一條腿抬起放床上，幫助他爬上去。孩子漸漸學會爬上椅子，再到桌子上摳取玩具。獨自摳取高處之物，會有一定危險，家長應將熱水瓶及可能傷害孩子的物品移開。桌子上不要鋪桌布，不放易燙易傷物品，以免發生意外事故。

訓練寶寶的適應能力

教寶寶寫字。先學寫近似的數字，如會寫 1，再學寫 4，然後再學寫 2 和 3。再教寶寶寫簡易漢字，如一、二、工、土、人、大等。

教寶寶認時間。「吃過早餐可以到院子玩耍」，「等爸爸下班回家」，「吃過晚飯該睡覺」，「等睡醒後再……」

辨別方向。繼續培養寶寶的分辨力，如把玩具放在桌子上，椅子下，抽屜裡，盒子外等。大人和寶寶一同站在大鏡子前玩分左右的遊戲。按口令摸自己的「右眼睛」、「左耳朵」、「左肩膀」、「右膝蓋」、「右手肘」、「左眉毛」、「右耳垂」等。使寶寶進一步認識身體部位和分清左右。

訓練寶寶收拾自己的玩具和物品。寶寶的玩具、衣服、鞋襪等，要放在固定的地方（玩具要放在寶寶容易取放的地方），並讓寶寶知道這些東西放置的位置。寶寶要玩具時，剛開始要跟寶寶一起去拿，玩完後，教他放回原處，逐漸讓他自己取放。

感知學習。握住寶寶的小手輕輕觸摸盛熱粥的碗，並告訴他「燙」。多次練習後，寶寶會形成條件反射，再遇到熱粥、熱水時他就知道怕燙而縮手，還能說「燙」這個詞。同樣讓寶寶感受什麼是涼，什麼是軟硬，什麼是粗糙

光滑等，培養寶寶的觸覺和冷熱覺。

訓練寶寶的社交行為能力

誰在講話。週末，寶寶家中來了阿姨和叔叔，爺爺和奶奶也在家。爸爸正在跟叔叔、阿姨們交談，媽媽抱著寶寶坐在沙發上。兩人都在專心地聽著爸爸跟叔叔、阿姨說話。有時，叔叔、阿姨也會向寶寶提問，寶寶要有禮貌地回答問題。

邀請寶寶的朋友來家做客。一旦寶寶有了朋友，哪怕只是一個，馬上邀請他到家裡來玩。趁著這個機會可以教寶寶學習待客，學習幫助別人，學習分享玩具。如果寶寶將好吃的食物與小朋友一起分享，父母要及時給予稱讚和鼓勵，這樣會大大激發寶寶與朋友長期友好相處的意願。同時，父母還可以在家裡開闢出一個「遊樂場」，讓寶寶和他的小朋友一起在裡面玩。要注意的是：遊戲的過程中，一定要密切注意寶寶的反應和心情，一旦他們發生摩擦、發脾氣開始吵鬧時，父母要給予制止和正確的引導，告訴寶寶在交友中什麼是應該的，什麼是不應該的。

合作遊戲。鼓勵孩子和同年齡的孩子一起玩，給他們相同的玩具，以避免爭奪。當一個孩子做一種動作或出現一種叫聲時，另一個孩子會立刻模仿，互相笑笑，這種協同的遊戲方式是這一時期的特點。孩子們不約而同的做法使他們因為有默契而得到快樂。家長要想辦法為孩子創造這種一起玩的條件。

變高和變矮。媽媽和寶寶面對面站著，兩個人同時舉起雙手，並踮起腳尖，一起說：「變高了。」過了一會兒，媽媽又說：「變矮了。」兩個人又同時蹲下，用雙手抱住頭，把頭垂得很低，再用手抱著膝蓋，這時人變成球樣，

真的變矮了。

這樣寶寶就學會了改變自己身高的方法。接著，媽媽可以教他，如果要摳取高處的東西時，可以用變高了的樣子去摳取；如果要鑽過矮洞，要把自己變矮，用手抱頭，可防止把頭碰傷；如果要長時間在矮洞內等候時，可用手抱膝蓋，使自己得到休息。

有了這些本領，寶寶可以教小朋友們玩，從而發展寶寶和小朋友們交往時領導活動的能力。

跳出來。讓寶寶躲在桌子下、長窗簾後、門背後或者大箱子裡，安靜地等候著爸爸回家。爸爸到家時，正奇怪：「怎麼不見寶寶呢？」寶寶突然跳出來，撲到爸爸懷裡，使兩人大笑不已。這種遊戲只能用於爸爸能按時回家的情況，如果爸爸回家不定時，就不能玩這種遊戲了。

有時寶寶趁媽媽做事時，躲起來，等媽媽找寶寶時，寶寶可以跳出來，大聲說：「我在這裡！」

有時寶寶可以演戲給爸爸媽媽看，寶寶帶個娃娃躲在箱子裡，一會兒讓娃娃跳出來，用尖細的聲音說：「娃娃到！」馬上又縮回去。

一會兒自己伸出頭來說：「寶寶到！」又縮回去，最後才跳出來。

爸爸媽媽還要鼓勵寶寶在跟小朋友們互動的時候，不害羞，勇於在小朋友們面前表演。

訓練寶寶的音樂能力

自己唱歌。這個階段的寶寶會唱幾句或者全首自己喜歡的歌曲。有些寶寶經常哼哼自己作的曲子，如果爸爸媽媽有心去把寶寶唱的歌譜寫下來，會

發現一些有趣的現象。有時，寶寶哼唱他聽過的曲子當中他自己喜愛的部分；有時，他在哼唱自己記憶中的一小段旋律。如果爸爸媽媽把這些聲音錄起來，再放給寶寶聽，寶寶會十分高興地重複哼唱。

父母不斷地把寶寶哼唱的歌曲錄下來，會給寶寶很大的鼓勵，他會把自己創作的歌曲完成。寶寶懂得唱完了該怎樣收尾，他會用一個接長的「咿」或「嗚」作結尾。父母也要學唱寶寶的歌，可以替他將歌完善一些，因為寶寶還不懂節拍和小節的規律，只憑高興去唱，得到爸爸媽媽的修改後才能成一段樂曲。這是一種十分珍貴的音樂萌芽。

敲打樂器。能打響的東西都可以作為樂器，寶寶的許多玩具都能發出聲音，都可以作為樂器。如寶寶小時候玩過的手搖鈴、鈴鐺、小鼓、捏響的玩具等，家庭中的筷子、盤子、空的罐頭、空的瓶子、空的盒子以及木琴玩具等都可以作為敲擊樂器。準備好一些能敲響的東西，家裡每人手上都拿一樣，放一段錄音，先聽聽是什麼拍子，然後爸爸媽媽和寶寶一起敲。待寶寶敲熟了，讓寶寶自己敲。

音樂欣賞。爸爸找出一捲錄音帶或光碟當中的一首名曲，先讓寶寶聽一遍，再給寶寶講解這首名曲的來歷。例如舒伯特寫了一首很有名的搖籃曲：睡吧，睡吧，我親愛的寶貝，媽媽的雙手輕輕地搖著你；搖籃搖著你快快安睡，安睡在搖籃裡，溫暖又安逸。同時，爸爸講這首曲子的來歷：當時舒伯特十分貧窮，有一次，他把所有的錢都用光了。晚上到了一家餐館，要了一盤馬鈴薯，卻沒有錢付帳。於是他叫人拿來一張紙，寫了這首曲子來抵帳，後來這首曲子成了他著名的代表作。

寶寶聽了這個故事，對這首曲子就有了感情，很快就能學會曲子的旋律和歌詞。

第三節
為寶寶左右腦開發提供營養：吃點「苦」好處多

寶寶多吃山楂益處多

　　山楂能增加胃中的蛋白酶的分泌，具有助消化的功能，可幫助消化胃中食物，尤其是脂肪類食物。寶寶胃內的各種輔助成分分泌不足，而由於其生長發育的需求，蛋白質和脂肪的攝取量又較多，如果調理不好就容易造成積食、消化不良，還可能出現腹脹、噁心、不想進食等症狀，經常給寶寶吃一些山楂能起到調理腸胃、促進消化的作用。

　　山楂中含有多種礦物質，如鈣、鐵、鉀、鈉，特別是維他命 C 的含量很高。維他命 C 能幫助體內形成細胞膠，維持正常的組織功能。寶寶的免疫調節功能較差，而維他命 C 可以增強寶寶對疾病的抵抗力，還能促進傷口癒合，對痢疾桿菌也有較強的抑制作用。

　　山楂可增強寶寶的脾胃功能，還可增進食慾、提高免疫力、預防腹瀉等。媽媽也可以用山楂作主料，給寶寶做一些山楂餐。

寶寶吃「苦」好處多

　　辛、甘、苦、酸、鹹是飲食的五種味道，也就是人們常說的五味，只有攝取的五味平衡，人才會健康。但是，現在兒童攝取的鹹、甜之味過多，並已引發許多疾病，造成幼兒體質不佳，抵抗力下降。為了改變五味失衡，應給孩子吃些苦味食品，而且苦味食品有以下幾點好處：

1.　可以促進食慾。苦味以其清新、爽口而能刺激舌頭的味蕾，活化味覺神

經；刺激唾液腺，增進唾液分泌；刺激胃液和膽汁的分泌，加強消化功能。這一系列作用結合起來，便會增進小兒的食慾，對增強體質、提高免疫力有益。

2. 可以清心健腦。苦味食品可去心中煩熱，具有清心作用，使頭腦清醒。

3. 可以促進造血功能。苦味食品可使腸道內的細菌保持正常的平衡狀態。這種抑制有害菌、幫助有益菌的功能，有益於腸道功能的發揮，尤其對腸道和骨髓的造血功能有幫助，這樣可以改善兒童的貧血狀態。

4. 可以泄熱、排毒。中醫學認為，苦味屬陰，有疏泄作用，可疏泄內熱過盛引發的煩躁不安，還可以通便，把體內毒素排出，使小兒不生瘡癤，少患疾病。

其實，苦味食品很多，家長可以給小兒選擇食用。苦味食品以蔬菜和野菜居多，如萵苣葉、萵筍、苦瓜、蘿蔔葉、苔菜、杏仁、蓮子心等。

嬰幼兒喝優酪乳好嗎

優酪乳營養素、能量密度均較高，含有營養素多達 20 餘種，特別是一杯優酪乳（150 毫升）可以提供嬰幼兒 30% 的能量和鈣質以及 10% 左右的蛋白質。簡單地說，如果你的孩子（1～3 歲）每天喝 150 毫升優酪乳，就等於滿足了他全天生長發育需求的 1/3 的能量和鈣質。優酪乳和人奶很相似，容易消化，特別適合於消化系統不成熟的嬰幼兒。

優酪乳能促進腦發育。優酪乳中含半乳糖，半乳糖是構成腦、神經系統中腦苷脂類的成分，與嬰兒出生後腦的迅速成長有密切關係。兩歲之前是腦發育的關鍵時期，此時保證充足的能量和半乳糖供應，對促進嬰幼兒生長發育有良好作用。

優酪乳可能預防腹瀉。腹瀉是嬰幼兒時期最常見的疾病。優酪乳中含充足的乳酸菌，並且有適宜的酸度，常飲優酪乳可以有效抑制有害菌的產生，提高免疫能力。因而能夠預防腹瀉或縮短慢性腹瀉持續的時間，減少急性腹瀉的發生率。有學者認為，每天飲用 0.5 ～ 0.75 公升的優酪乳，可以治療腹瀉。優酪乳能提高抗生素對致病細菌的敏感度，因此非常有益於嬰幼兒的健康。

第四節
適合寶寶左右腦開發的遊戲：點點豆豆

點點豆豆

遊戲目的

鍛鍊寶寶動作的靈敏性。研究顯示，大腦皮層的成熟程度隨手指運動的刺激強度和時間而加快。因此，寶寶手指的靈活運動，是提高大腦兩半球皮質機能的有效手段。互動性遊戲強調寶寶的參與感和主動性，讓寶寶在玩的過程中感受參與的快樂，提高自我意識。

遊戲準備

室內或室外適宜的環境。

遊戲步驟

1. 媽媽把寶寶抱在懷裡，用左手握住寶寶的一隻手。
2. 媽媽用右手食指點點寶寶的手心，一邊點一邊唱兒歌：「點點豆豆，豆

子長大，長大開花，開花結豆，一抓一把。」讓寶寶跟著媽媽唱。

3. 說到「一抓一把」時，讓寶寶立即握拳，設法抓住媽媽的食指。

4. 也可以互換角色，讓寶寶來點豆，媽媽來抓寶寶的手指。

遊戲提醒

遊戲中應視寶寶的反應靈敏度調整媽媽說兒歌的速度，應該讓寶寶能抓住媽媽手指幾次，以提高寶寶遊戲的興趣。等寶寶真正能抓住了，媽媽可以再加快速度，訓練寶寶的反應能力。

小手印在畫紙上

遊戲目的

鍛鍊寶寶手的精細動作。這個時期的寶寶動作發育更加成熟，需要學習一些複雜、技巧性的動作。印畫遊戲，可以讓寶寶手部動作更加協調，更加巧妙，豐富寶寶的生活，讓寶寶在生活中得到更多體驗和更多經驗來豐富其想像力，從而使寶寶具有超凡的創造能力。

遊戲準備

白紙、顏料一盒。每一種顏料的調色盤中放一塊海綿，以控制沾顏料的量。

遊戲步驟

1. 媽媽示意寶寶用一隻小手在顏料盤裡沾上紅色（或者黃色）顏料，印在白紙上。

2. 讓寶寶觀察小手留下的痕跡。

3. 讓寶寶用另一隻小手沾另一種顏色的顏料，印在白紙上。

4. 用衛生紙把寶寶的手擦乾淨，讓他隨意沾取顏料，在紙上印畫。

5. 媽媽和寶寶一起欣賞寶寶的大作，讓寶寶說說那些小手像什麼圖案。

遊戲提醒

給寶寶穿一件舊衣服。如果顏料弄到臉上，可以帶寶寶照照鏡子後再洗乾淨，讓他看看自己的大花臉，寶寶會更開心。

指一指，認一認

遊戲目的

提高寶寶認識能力。不斷強化寶寶對五官、四肢的認識，有助於寶寶增強對自身的認識，透過遊戲訓練還可以讓他更廣泛地認識周圍事物。從小建立寶寶對文字的興趣，有助於其今後的識字、閱讀和寫作，為其成為一個善於運用文字表達的人打下基礎。

遊戲準備

眼睛、鼻子、嘴巴、手、腳、媽媽、爸爸、寶寶、奶奶、爺爺等字卡若干張。

遊戲步驟

1. 媽媽指著自己的眼睛，告訴寶寶這是媽媽的眼睛，並出示相應的「眼睛」字卡。

2. 媽媽問：「寶寶的眼睛在哪裡？」讓寶寶用小手指眼睛，並從若干字卡中找出「眼睛」字卡。

3. 以此類推，讓寶寶認識鼻子、嘴巴、手、腳、媽媽、爸爸、寶寶、奶奶、爺爺等字形。

遊戲提醒

1. 由於寶寶注意力持續的時間不長，所以，一次遊戲的時間不宜太長。
2. 字卡數量可以根據寶寶認識能力而定，可由少到多逐漸增加。

找朋友

遊戲目的

提高寶寶整體運動能力。這個遊戲包括了蹲、走、敬禮、握手等多種動作，可以訓練寶寶肢體動作的技巧和整體運動能力。集體性遊戲可以讓寶寶體會到和爸爸、媽媽在一起所體會不到的樂趣，建立朦朧的集體意識。

遊戲準備

戶外，幾個年齡相當的小朋友。

遊戲步驟

1. 小朋友蹲著圍成一圈，由一個小朋友來找，「找呀找呀找朋友，找到一個好朋友，敬個禮，握握手，你是我的好朋友，再見」。
2. 找到後做敬禮、握手、再見動作。
3. 然後再換另一個小朋友來找。
4. 爸爸、媽媽可以加入，跟小朋友一起唱歌，一起玩遊戲。

遊戲提醒

1. 媽媽要鼓勵寶寶加入到同齡小朋友中去，不要因為擔心碰撞或發生衝突而讓寶寶自己一個人玩。
2. 開始時寶寶不知道怎樣加入，可以幫助他向小朋友介紹自己，也認識一下其他小朋友。

自己動手吃香蕉

遊戲目的

訓練寶寶手指精細動作。鼓勵寶寶自己動手，在遊戲中掌握簡單的生活技能，鍛鍊手指精細運動，體驗自理的快樂。生活自理能力的練習，會幫助寶寶成為一個獨立的人。

遊戲準備

香蕉、垃圾桶。

遊戲步驟

1. 吃水果的時間到了，媽媽拿出香蕉來，告訴寶寶想吃香蕉自己來剝皮。
2. 媽媽鼓勵寶寶嘗試著自己動手剝香蕉皮，剝開後媽媽要鼓勵寶寶。
3. 請寶寶給媽媽剝香蕉吃，媽媽要表示感謝，親親寶寶的小手。媽媽要真吃，並表現出特別好吃的樣子。
4. 最後，還要提醒寶寶把香蕉皮扔到垃圾桶裡。

遊戲提醒

1. 開始時媽媽可以幫助寶寶把香蕉打開一點，不要讓寶寶感到太吃力。
2. 生活中一些簡單的事可以讓寶寶自己動手，逐漸培養寶寶的自理能力。

把積木放回家

遊戲目的

提高寶寶顏色識別能力。顏色視覺的發展為寶寶認識多彩多姿的世界提供了條件，有意識地培養寶寶的視覺識別能力，有助於寶寶更好地觀察事

物。這個遊戲採用擬人化的手法、形象的比喻，使寶寶知道任何物品都有一個家，使用後應該送物品回家，才能保持一個有序的環境，從而使寶寶養成良好的行為習慣。

遊戲準備

紅、黃、綠色的小桶各一個，紅、黃、綠色的積木塊若干。

遊戲步驟

1. 媽媽和寶寶把積木倒在地板上，把紅、黃、綠色的小桶擺在面前，告訴寶寶：「小桶是積木寶寶的家。」
2. 媽媽說：「哦，天黑了，積木寶寶該回家了，讓我們把它們送回家吧。」
3. 請寶寶幫忙分別把紅、黃、綠色的積木放到對應的小桶裡。
4. 還可以把寶寶各種顏色的小襪子打亂後放在一起，讓寶寶找出同一雙襪子的兩隻，進行「配對」遊戲。

遊戲提醒

寶寶如果放錯了，媽媽可以提醒寶寶再看一看，並給予適當提示。

抬起頭來看天空

遊戲目的

培養寶寶的空間感智能力，並開發寶寶的右腦空間想像力。

遊戲準備

分別選擇在晴朗的白天和晚上帶寶寶到屋外。

遊戲步驟

1. 白天，帶寶寶到屋外。問寶寶：「天上有什麼呀？」寶寶回答：「太陽、雲朵。」

2. 再讓寶寶觀察雲都像什麼。寶寶一定會回答像他熟悉的東西，如小狗、汽車等。

3. 晚上，帶寶寶到屋外。問寶寶：「天上有什麼呢？」寶寶回答：「月亮、星星。」家長可順便跟寶寶講講牛郎織女的故事，重點放在牛郎揹著兩個孩子找媽媽織女時，兩個孩子如何想念媽媽。講完後，可觀察一下寶寶的反應。

遊戲提醒

晚上進行此訓練時不宜太晚，以免影響寶寶休息。

第五節
21 ～ 22 個月能力發展測驗

21 ～ 22 個月寶寶的能力測驗

1. 分清楚 5 根手指頭和手心手背：

　　A、7 處正確（12 分）

　　B、5 處正確（10 分）

　　C、4 處正確（8 分）

　　D、3 處正確（6 分）

　　E、2 處正確（4 分）

以 10 分為合格

2. 說出水果名稱：

A、6 種（12 分）

B、5 種（10 分）

C、4 種（8 分）

D、3 種（6 分）

以 10 分為合格

3. 會寫數字（1、2、3）、中文字（一、二、三、八、人、大等）：

A、3 個（12 分）

B、2 個（10 分）

C、1 個（6 個）

D、完全不會寫（4 分）

以 10 分為合格

4. 會把瓶中的水倒入碗內：

A、不灑出（6 分）

B、灑出一些（5 分）

C、灑一半（3 分）

D、全灑（0 分）

以 5 分為合格

5. 說出自己的姓名、媽媽的姓名、自己的小名：

A、對 3 種（12 分）

B、對 2 種（10 分）

C、對 1 種（6 分）

以 10 分為合格

6. 背兒歌：

　　A、2 首（12 分）

　　B、1 首背完整（10 分）

　　C、1 首背不完整（8 分）

　　D、背押韻的字（4 分）

　　以 10 分為合格。

7. 問「這是誰的鞋？」答：

　　A、「我的」（10 分）

　　B、寶寶（小名）的（8 分）

　　C、拍自己（4 分）

　　以 10 分為合格

8. 知道故事中誰是好人誰是壞人：

　　A、講對 2 種（12 分）

　　B、講對 1 種（10 分）

　　C、能指出圖中的好人和壞人（8 分）

　　D、亂指（4 分）

　　以 12 分為合格

9. 穿上襪子（不拉後跟），穿上鞋（不分左右）：

　　A、2 種（10 分）

　　B、1 種（5 分）

　　C、會拉襪子後跟（加 5 分）

　　D、能分清鞋的左右（又加 5 分）

以 10 分為合格

10. 會脫鬆緊帶褲子坐馬桶：

A、及時脫下（10 分）

B、會抓褲襠（8 分）

C、不及時脫下（6 分）

D、叫大人幫助（4 分）

以 8 分為合格

11. 單腳站立：

A、3 秒（6 分）

B、2 秒（5 分）

C、3 步（8 分）

D、要扶物扶人（2 分）

以 5 分為合格

12. 用腳尖走：

A、10 步（12 分）

B、5 步（10 分）

C、3 步（8 分）

D、2 步（4 分）

以 10 分為合格

結果分析：

1、2 題測認智能力，應得 20 分；

3、4 題測手的靈巧，應得 15 分；

5、6、7 題測語言能力，應得 30 分；

8 題測社交能力，應得 12 分；

9、10 題測自理能力，應得 18 分；

11、12 題測運動能力，應得 15 分，共計可得 110 分，總分 90 ～ 110 分為正常範圍，120 分以上為優秀，70 分以下為暫時落後。哪道題在及格以下，可先複習上月相應試題，通過後再練習本月的題。哪道題在優秀以上，可跨月練習下月同組的試題，使優點更加突出。

寶寶 23 ～ 24 個月：
雙腳離地跳起來

第一節
開發寶寶的左腦：禮貌說「謝謝」

訓練寶寶的語言能力

　　問「你」時改用「我」來回答。寶寶能理解代名詞，知道別人問「你」是問到自己，所以要用「我」來回答。如大人問：「你幾歲啦？」寶寶回答：「我 2 歲。」有少數孩子仍然不懂你我的關係，會回答說：「你 2 歲。」這種情況多見於很少與人交往的自我封閉的孩了，或語言能力不強的孩子，和部分感覺統合失調的孩子。因此這個問題應當引起重視，平時可以先讓寶寶認

識「我」和「我的東西」，再認「媽媽的」和「你的」，「爸爸的」和「他的」。分清楚之後，第二步再學習別人問「你」時，知道是在問自己，應當用「我」來回答。

　　講述有趣的事。寶寶能記得有趣的事，爸爸讓寶寶講前一天去公園的事，有些寶寶能講幾句，有些寶寶能講出幾個關鍵的詞，爸爸媽媽可以幫他連接成一句或幾句話。不論寶寶說的是否完整，從關鍵詞中可以知道寶寶確實記住所發生的事了。例如前一天一些父母帶自己 2 歲的寶寶到動物園去看大象，會說話的寶寶可能這樣說：「大象用鼻子吸水，給小象洗澡，小象打個噴嚏，把水噴到天上了。」不太會說話的寶寶也許會這樣說：「大象，吸水，噴嚏，水，天上。」寶寶一面說一面指著自己的鼻子，自己學著打噴嚏，再從鼻子指到天上。寶寶說話如同發電報那樣，把重要的詞說了但連不成一句話，爸爸媽媽要幫助他把關鍵詞組成短句，讓他慢慢複述一遍。

　　更重要的是要鼓勵他既能把前一天的事記清楚，又能說出來。千萬不能跟會說話的寶寶比較，因為各人都有強項和弱項，不太會說話的寶寶弱在語言，可能強在運動或別的項目上。要用理解和鼓勵使暫時說話慢的寶寶渡過難關，如果爸爸媽媽用不耐煩或強迫的語調，逼著寶寶說話，寶寶心裡緊張，開口不知說什麼，就會多次重複一個字、一個詞，時間長了會造成口吃。

　　會說「謝謝」。寶寶拿到別人給的東西時，要學會主動說「謝謝」。有禮貌並不是天生的，是後天學來的。有禮貌的寶寶，是隨著父母有禮貌的好榜樣而學到的。所以我們凡是接受別人的東西，一定要馬上說「謝謝」。

　　爸爸媽媽讓寶寶拿東西，拿來時也要道謝。這樣會讓寶寶習以為常，當父母給寶寶食物、玩具、用品時，寶寶也會很自然地說：「謝謝。」

有些父母只會要求寶寶這樣做，自己從不做出榜樣。如果寶寶不說「謝謝」，父母就責罵，這會引起寶寶的反感，寶寶就偏不說，爸爸媽媽著急也不管用。時日一久，寶寶就真正成為不講禮貌、不懂得客氣的孩子，成為習慣後再改就難了。

訓練寶寶的精細動作能力

倒入水杯訓練。教寶寶在臉盆裡用一個杯子盛滿水，然後倒入另一個完全相同的杯子裡，但可以提出要求，不能讓水灑到杯外去，這是一種精細動作訓練中要求準確性的訓練，倒來倒去，寶寶的手的掌控能力加強了。

釣魚。市面上有不同的釣魚玩具，如在魚頭部位有磁鐵，用鐵絲做的魚鉤碰到魚頭就能把魚釣起的玩具。寶寶要看準魚頭，用釣竿碰有磁鐵的部位，才能把魚釣起。因為有一段繩子，不能直接用手操作，所以除了要看準魚之外還要善於用釣竿。所以這個遊戲可以鍛鍊孩子的手眼協調能力，同時又能培養孩子善於利用工具的能力。

縫紉袋。媽媽把常用的一些小東西放入布袋裡，如釦子、頂針、暗釦、線軸、小剪刀、別針、皮尺、尼龍繩團、毛線團、小拉鍊等。束上布袋的口，袋口留出剛可以讓寶寶的一隻小手伸進去的位置。媽媽縫紉時需要用其中一種小東西，就請寶寶伸手進去拿，寶寶只能靠手的感覺把要用的東西取出。寶寶可以用雙手操作，一隻手在袋子外面，另一隻手在袋子裡面，兩手合作從布袋裡摸出一個小東西來。

媽媽還有一個裝布料的口袋，有絲綢、棉布、呢絨、紗布、麻布、硬的襯墊、泡沫墊肩、鬆緊帶、花邊等。先讓寶寶看一看每種布料的樣子，摸摸它的材質和觸感。放入袋子後，讓寶寶憑觸覺將指定的布料拿出來。

第六章　寶寶 23 ～ 24 個月：雙腳離地跳起來

讓寶寶從袋中摸取物品是為了培養寶寶手的觸覺。讓寶寶不用眼看，只用手摸，透過觸覺能分辨物體的形狀和材質，使寶寶的觸覺更加靈敏。這種本領要經過多次練習才能學會。

積木堆牌樓和多層金字塔。這一階段的寶寶應學會用 3 塊積木造橋了，媽媽可以教寶寶在橋的兩側多放一塊積木，堆成上面 3 塊積木、下面兩塊積木的牌樓。或者在最下面一層放 3 ～ 4 塊積木，積木間留有一點空隙，再在空隙上放上 2 ～ 3 塊積木，又在第二層積木的空隙上放上 1 ～ 2 塊積木，堆成一個金字塔。堆門樓和堆金字塔都需要一定的技巧，作橋墩的兩塊積木之間留出的空隙要夠大，才能頂起上面的積木。但是空隙太大，放在上面的橋頂就不穩，要做到恰到好處。2 歲的寶寶需要失敗幾次才能搭成。媽媽可以先示範，再放手讓寶寶自己玩。

寶寶堆積木鍛鍊了手的技巧，也同時提高了空間的構圖能力，是增強孩子右腦的圖像思維的遊戲。

堆積木能力好的寶寶有較好的空間智能和圖像能力，將來理解圖形較容易，對於學習幾何、物理等的學科都會覺得較容易。所以要多讓寶寶堆積木，鼓勵他用積木堆出新的樣式。

擰開和上緊螺旋蓋。家庭中有許多瓶瓶罐罐是螺口的。可以把這些瓶子騰出來，讓寶寶練習怎樣打開、關緊蓋子。有些關得很緊的瓶子，要用布墊著才能打開。媽媽可以給寶寶一塊潮溼的墊布，防止手在蓋子和瓶子之間打滑。媽媽示範，讓寶寶自己去嘗試。寶寶學會打開螺旋瓶蓋，就可以自己打開新買來的用瓶裝的食物，又能學到新本領。

訓練寶寶的數學邏輯能力

抓花生。籃子裡有許多花生（也可用小一些的水果代替花生），媽媽跟寶寶比賽，看誰抓得多。媽媽故意抓得少些，讓寶寶抓一大把。媽媽把兩堆花生分開，媽媽拿出一顆，讓寶寶也拿出一顆放在旁邊，一對一排成兩行，到最後看哪一排更長，就算那邊多。媽媽可以鼓勵寶寶用雙手捧出一大堆來，跟媽媽抓的作比較。

排數字。可以用塑膠造的數字或數字玩貝，也可以用媽媽寫的字卡。把這些數字亂放在桌上，請寶寶按數字的順序排列放好。如果寶寶不會擺，媽媽可以先教他擺 1、2、3，熟練後再讓他自己擺。

摸數字遊戲。父母把塑膠數字放在裝有肥皂水、洗米水的盆裡，讓寶寶從混濁的水裡摸出爸爸媽媽要的數字。如果沒有塑膠的數字，可以用硬紙剪出數字，放在米桶或沙桶裡，讓寶寶伸手進去把父母要的數字摸出來。寶寶不用看，完全用手摸，會有很深的印象。因為動手摸時，右腦的形象記憶起主導作用，不管數字正著放、反著放、橫著放還是豎著放，寶寶都能摸出來。這種遊戲能提高孩子的形象思維能力。透過玩這個遊戲，寶寶在 2 歲時能認出 10 個數字。

記住做三件事。媽媽讓寶寶連續做三件事，寶寶都能照辦。例如，要洗澡了，媽媽讓寶寶回房間拿換洗的內衣、拿拖鞋、拿大毛巾。有些寶寶第一趟拿內衣，再回房間拿拖鞋，第三趟又回去拿毛巾，老老實實地跑了三趟。有些寶寶會把內衣拿出來，再把毛巾放在內衣上，另一隻手提著拖鞋，一次完成。也有些寶寶要跑兩趟，第一趟一手拿內衣，另一手拿拖鞋，東西放好後再回去拿毛巾。那些一次完成任務的寶寶經常跟著媽媽做事，學會變通。寶寶知道一次完成三件事就有了進步，比跑三趟的會動腦筋。

訓練寶寶的視覺空間能力。

誰在前，誰在後。泰迪熊排第一，娃娃排第二，小貓排第三。讓它們都面向左方，媽媽問寶寶：「誰在前面？誰在後面？誰在中間？」如果寶寶全答對了，可以再問：「誰在娃娃的前面？誰在小貓的前面？」再問：「誰在熊熊的後面？誰在娃娃的後面？」如果寶寶都回答正確，可以請寶寶向後轉身，完全不看著玩具，媽媽從頭到尾再問一遍。如果答對了就往下問，答不對時可以回頭看。媽媽記錄寶寶一共回頭看了幾次。過幾天可以把玩具依序重擺，再做一次，看寶寶有沒有進步。這是一種方位的練習，讓寶寶先看著做，並記住娃娃擺放的順序，之後邊背邊做，看看能否仍然記住順序，並加以想像。這種練習可以依寶寶的實際情況來做，但人與人之間存在差異，不可強求。

到暗室找物。晚飯後讓寶寶自己到廚房拿水果，或者讓寶寶到廁所拿肥皂及其他東西。寶寶不必開燈，因為他記住了東西放在什麼位置，很容易就能拿出來。有時讓寶寶到臥室找東西，例如找爸爸的襪子、媽媽的手帕等，因為寶寶曾幫助媽媽收拾過晾曬的衣服，知道這些小東西放在哪裡，很容易就找到了。這是因為寶寶有空間位置記憶的緣故。經常替爸爸媽媽找東西，寶寶就記住了東西常放在什麼地方，如剪刀、牙刷、蠟筆、尺等，寶寶都能很快找到。讓寶寶找東西是對其空間能力的訓練。

上下裡外。爸爸拿來一個盒子，裡面有幾個小玩具，爸爸讓寶寶從盒子裡把玩具拿到盒子外面。爸爸把盒子蓋上，再讓寶寶從盒子外面把玩具拿到盒子上面。爸爸拿起盒子，讓寶寶再把玩具放到盒子下面。最後打開蓋子，請寶寶把玩具從盒子下面放到盒子裡。

這個遊戲的目的，是讓寶寶分清上下和裡外，透過動手操作，把這些方

位的名稱弄懂。

　　擺家具。媽媽畫出客廳的幾件家具，用剪刀逐個剪下來，讓寶寶在桌子上把畫出來的家具照著家中家具的擺法擺出來。如果桌子是圓的，可以在桌下放張方形的紙作地面，正方形的每一條邊為家中相應的一面牆。讓寶寶照著四周牆壁家具的位置來擺放，使寶寶對家中的客廳有印象，知道家具所擺的方位。

第二節
開發寶寶的右腦：剪刀、石頭、布

訓練寶寶的大動作能力

　　雙腳跳。大人拉著寶寶的雙手，與寶寶面對面站立，大人先做一遍雙腳跳起來的動作給寶寶看，然後讓寶寶和自己一起跳。一開始訓練時，大人最好拉著寶寶的雙手讓寶寶雙腳跳，逐漸讓寶寶拉著大人的一隻手或扶著東西跳，直至寶寶能夠自己跳。反覆訓練可以增強寶寶身體的平衡力和協調力。

　　懸空。找出一條結實的小棍，讓寶寶雙手握緊，爸爸拿著小棍的兩端，在自己的體側把寶寶懸空提起，向前後擺動，並讓寶寶把膝部屈曲再伸直，如同盪鞦韆那樣。

　　然後讓寶寶在爸爸前面左右搖動，如果覺得棍子礙事，可以去掉棍子讓寶寶握著爸爸的手做這種懸空運動。懸空是讓寶寶只用手和手臂的力量負重，動用膝部的力量是為了動用四肢保持全身平衡。猴子爬樹也是如此，剛出生的嬰兒也具備這種力量。趁孩子還小，這種力量還未完全消失時予以鍛

鍊，將來遇到攀登高山、懸吊過河等運動項目，或遇險求生時都很有用。要注意安全，防止寶寶的手因抓不牢棍子而摔傷。

翻跟斗。媽媽跪在地上，讓寶寶站在自己的大腿上。媽媽拉著寶寶的雙手，先讓寶寶在自己的腿上蹦跳。

告訴寶寶跳高時努力把腿靠近媽媽的腰部，頭也努力向後仰，媽媽也幫著寶寶努力向後翻轉，使寶寶雙腳落地，完成後空翻。這個遊戲要經常練習，使寶寶漸漸學會翻跟斗。這是一個全身的鍛鍊項目，使頭和身體的位置作 360 度的翻轉，使前庭的圓囊和半規管都受到衝擊，使全身維持平衡的功能得到更好的鍛鍊，是預防感覺統合失調的良好鍛鍊方法。讓寶寶學會前空翻和左右翻，可以預防坐車、船、飛機時的暈眩症。

拋球和接球。寶寶現在可以練習接別人直接拋來的球。媽媽跟寶寶距離近一些，媽媽拋過去的球幾乎觸到寶寶的胸部，寶寶雙手在胸前就可接到。要用有泡沫塑膠填充的軟球來練習，以免寶寶的手指和身體其他部位被球碰擊而受傷。寶寶接到球之後，應馬上拋球給媽媽。兩人的距離保持在 1 公尺之內，如果寶寶能連續幾次都接到球，就可加大距離再練習。也可以邊小跑邊練習接球，使遊戲更加有趣。

接球除了能練習手眼協調之外，還能練習身體的靈活性。因為拋來的球落點不可能完全準確，寶寶不僅要用全身的動作來適應球的落點，還要保持身體的平衡。如果一面小跑一面接球，全身的動作幅度更大，寶寶既要適應球的落點，還要保持自己的平衡，難度更大。

訓練寶寶的適應能力

猜拳遊戲。先讓寶寶理解布包石頭、石頭砸剪刀、剪刀破布的關係，和

142

寶寶邊玩邊討論誰輸誰贏。然後讓寶寶自己判斷，讓他學會分辨猜拳遊戲中的輸贏。

認住址。認自己家的樓號、樓層、門牌號碼、街道巷弄名稱等，加強寶寶記數字的本領，讓寶寶記住家的樓號、公寓門號、樓層和門牌號。如果家中有電話，也可讓寶寶記住電話號碼，學習在電話亭跟媽媽打電話。這是一種十分必要而有效的安全教育，可以在 3 歲前後學會。

認識週末。讓寶寶認識昨天、今天、明天和週末。寶寶知道週末因為爸爸不用去上班，全家人可以出去玩。有時可以到奶奶家或外婆家去拜訪，看看老人家過得怎麼樣，身體是否健康。週末有兩天，媽媽說：「今天先去看奶奶，明天再去看外婆。」寶寶想去公園玩，寶寶答應下星期再去。有時媽媽準備逛百貨公司，也可以安排一天帶寶寶出去，中午在外面吃飯。有時寶寶想去吃冰品，爸爸說：「昨天才吃過冰淇淋，今天不能再吃了，萬一拉肚子就不好了。」寶寶聽懂了，就不再要求了。

寶寶經常聽爸爸媽媽說話，懂得昨天、今天和明天的關係，也懂得週末是指星期六和星期日。

時間概念對於寶寶來說比較抽象，如果在日常生活中，爸爸媽媽多引導寶寶透過觀察人們生活安排的改變來理解時間觀念，寶寶會很容易接受。

餵金魚。如果家裡養了金魚，寶寶會把麵包捏碎撒到魚缸裡，看著金魚游來取食。如果到了有金魚的公園，寶寶也喜歡也喜歡用魚飼料來餵魚。看到金魚成群地游過來搶奪食物，寶寶會覺得十分有趣。不過要注意讓寶寶站在安全的地方餵魚，避免因為看魚而掉入水中。除了餵魚以外，還可以讓寶寶參與餵貓、狗等寵物。讓寶寶餵養動物，表示對動物的關愛，能讓寶寶養成愛護大自然的優良品德。

訓練寶寶的社交行為能力

給寶寶做個好榜樣。父母的態度和行為對寶寶社交能力的培養也非常重要。在日常生活裡，家長應該言傳身教，潛移默化中，寶寶也可以學習一些待人接物、交流合作的交際技能。有了父母良好的榜樣，寶寶也會依樣畫葫蘆，也會學著用同樣的態度對待他的同伴。

有的父母認為寶寶還小，沒有自己的意見，事事都為寶寶拿主意，做決定，其實不然。父母一定要尊重寶寶的意見和看法，讓他從小就感覺到被尊重，這樣，他自然而然會學著尊重他人，而這恰好是交朋友的前提條件。

拉大圈。爸爸媽媽帶寶寶參加拉大圈遊戲，開始時在家裡三個人拉大圈。爸爸媽媽拉著寶寶向右走，可以跟著播放的音樂走，也可以邊唱兒歌邊讓他隨著節拍走，唱完一段另起一段時向左走。如果家裡來了親戚，如：爺爺、奶奶、外公、外婆、阿姨、叔叔和他們的孩子，也可以讓他們加入這個遊戲。寶寶在大圈裡有一種家庭的歸屬感，喜歡留在圈子內，成為圈子中的一員。

如果寶寶在社區裡，有機會在社區公園裡遇到熟人和他們的孩子，當有人提議玩拉大圈遊戲時，爸爸媽媽跟寶寶也可以和別人一起參加拉大圈，唱大家都會唱的兒歌，享受團體的快樂。

如果媽媽帶著寶寶進入幼兒園活動時，跟其他寶寶和父母們拉大圈，寶寶也會愉快地參加，不會因為怕生而躲在媽媽身後。

關鍵在於寶寶在家裡是否玩過這個遊戲，如果寶寶曾經有過快樂的體驗，他會願意參加團體遊戲。

如果寶寶從來沒有過任何在團體中感到快樂的經驗，在陌生的環境下他

會逃避而躲開。因此要讓寶寶進入團體，不能強迫，要循序漸進，先從家裡做起，尤其應在寶寶兩歲之前開始練習。

愛乾淨與髒ㄅㄚ。有些寶寶很「愛乾淨」，看見別人玩沙、玩水搞得身上髒ㄅㄚ的就遠遠躲開，不再參與遊戲。這些寶寶的媽媽總是誇耀自己的寶寶「愛乾淨」，以為「愛乾淨」是一件好事，寶寶也就越來越「愛乾淨」了。

如果媽媽太愛乾淨，會剝奪孩子玩耍和與人交往的機會。媽媽要親自帶寶寶參與玩沙和玩水的遊戲。玩得身上髒ㄅㄚ的也不要緊，可以回家換洗。能與其他寶寶一起遊戲本身就是一種能力，只有共同玩耍才能學會與同齡人交往，學會成為受歡迎的人。從小就遠遠躲開別的孩子，性格就會變得孤僻、冷漠、不受人歡迎。要時常參加團體活動才有可能合群，才能與別人友好相處。要改變孩子不好的個性首先要從媽媽做起，媽媽願意孩子合群，自己也不要嫌髒，許多家庭的住房是新裝修的，一些爸爸媽媽因為怕許多孩子到家裡來弄髒了地板和家具，拒絕鄰居小朋友來玩，把自己的寶寶孤立了，這樣做不利於寶寶良好性格的培養。寶寶性格的培養要比客廳的設備更重要，分清兩者的輕重，父母才會真正正確合理地給予寶寶關愛。

訓練寶寶的音樂能力

能唱一首以上完整的歌。2歲的寶寶幾乎都會唱歌。寶寶能把旋律唱準、節拍唱對，歌詞可能有個別字唱得不清楚，可以原諒。因為寶寶說話時也會有某些音發不出來，不必急於糾正，因為有些音需要口腔進一步發育後才能發出。

父母要求寶寶唱出歌的情緒來，有表情地唱歌。唱歌是這個年齡的孩子對音樂表達的最好的形式，寶寶用唱歌來表現自己的音樂能力。不過應注意

第六章　寶寶 23 ～ 24 個月：雙腳離地跳起來

孩子的音域較窄，最好從 3 ～ 4 個音開始，如 C 調的 mi、fa、sol、la，這幾個音寶寶唱起來比較容易，可以把平時用 C 調唱的歌，變成 D 調，使寶寶較容易地跟著唱。

不要讓寶寶唱電視上的插曲和流行歌曲，因為這些歌曲的音域較寬，寶寶唱不上去，就自己改調來唱。長久下去，寶寶唱出的音調不準，唱習慣了也就不容易改正，不如讓他唱能力所及的兒童歌曲。最容易唱的兒童歌曲只有 3 個音，一般 2 ～ 3 歲的兒童歌曲只有 5 個音，寶寶的氣夠用，也唱得舒服。千萬不要讓寶寶勉強學用假音唱太高的音，也不可以讓寶寶用過大的聲音去唱歌，以免寶寶的聲帶受損，寶寶失去甜美的聲音就太可惜了。人的聲音用來表達感情最感人、最細膩、最動聽。讓寶寶有一副好歌喉，讓他準備參加分部的合唱，以進一步學會協調和合作。

記得曲調的名稱。寶寶能記住他喜歡聽的樂曲的曲調和名稱。如有些寶寶特別愛聽《夢幻曲》、《天鵝》、《鴿子》、《花之歌》、《土耳其進行曲》等。

每當媽媽準備播放音樂時，寶寶會說出自己要聽的曲子的名稱，或者唱出第一句，讓媽媽能找到寶寶愛聽的樂曲。有時同一個名稱作者不同的作品有不同的曲調，如舒伯特的《小夜曲》和海頓的《小夜曲》不同，如果聽音樂時爸爸媽媽經常提到作曲者的名字，讓寶寶了解，寶寶也會記住曲作者。有些家庭喜歡聽京劇，寶寶也會知道曲子的名稱，知道曲子是誰的唱腔，這是寶寶有音樂記憶的表現。

選出最好聽的音樂。父母要經常讓寶寶聽音樂，有時寶寶也聽爸爸、媽媽唱歌，聽電視劇裡的插曲。媽媽可以發現寶寶對某一段音樂最喜歡，寶寶自己也會說出或哼出某一段音樂的旋律，表示這是自己最喜歡的曲子。有些寶寶有較高的欣賞能力，喜歡一些世界名曲；另一些寶寶只喜歡一些流行歌

曲或一些簡單的兒童歌曲。

第三節
為寶寶左右腦開發提供營養：寶寶能吃肉泥了

給寶寶吃點芝麻醬

　　媽媽們或許想不到，平時當成調味品的芝麻醬，對小孩子來說卻是很好的食物。

　　芝麻醬營養豐富，所含的脂肪、維他命 E、礦物質等都是兒童成長必需的，其所含蛋白比瘦肉還高；含鈣量更是僅次於蝦皮。所以，經常給孩子吃點芝麻醬，對預防佝僂病以及促進骨骼、牙齒的發育大有益處。芝麻醬還含鐵豐富，孩子 6 個月後，容易出現貧血，常吃點芝麻醬，就可起到預防缺鐵性貧血的作用。此外，芝麻醬含有芝麻酚，其香氣可起到揯升食慾的作用。

　　因為芝麻醬是芝麻製成的泥糊狀食品，因此當寶寶六七個月大添加副食品後就可以吃了。如將其加水稀釋，調成糊狀後拌入米粉、麵條或粥中。1歲以後，可用芝麻醬代替果醬，塗抹在麵包或饅頭上，還可以製成麻醬捲、麻醬拌菜等。

　　吃芝麻醬，要控制好量，小孩子一般一天吃 10 克左右，約為家用湯匙的 1 匙左右。此外，寶寶腹瀉時，暫時不要吃，因為芝麻醬含大量脂肪，有潤腸通便作用，吃後會加重腹瀉。

　　媽媽們買芝麻醬時，應盡量避免選瓶內有太多浮油的，會比較新鮮。買回的芝麻醬要放在陰涼處保存。

第六章　寶寶 23～24 個月：雙腳離地跳起來

亂補營養有害無益

寶寶正常生長發育所需要的營養素有七大類：蛋白質、脂肪、醣、礦物質、維他命、水和纖維素。這些東西缺一不可，少了誰都會出問題，比如缺少脂肪會影響大腦和視力的發育，缺了維他命 D 會妨礙鈣的吸收造成佝僂病等等。但是物極必反，好東西吃多了就會產生壞作用，比如鈣補多了容易形成結石，也可能導致囟門過早閉合，維他命 A 補多了會產生中毒症狀等等，一般來說，從食物當中獲取營養，造成問題的可能性小得多，而用各種高濃度的營養品卻大大增加了失衡營養的危險性。

營養靠吃不靠補。要給孩子提供多種多樣的食物，從各種食物的搭配組合中調整營養的均衡，這是科學餵養的根本。只有在特殊情況下，食物中暫時供給不足才可以用少量的營養品作為補充，而且每種營養品補多少，要根據每個孩子的具體情況綜合分析，家長切忌本末倒置，隨意給孩子進補。吃不僅僅可以獲得營養，對寶寶來說，它本身就是一種能力，孩子天生就會吸吮，但是咀嚼、吞嚥等都需要後天的學習，他們需要不斷地提高吃的本領，以應付生存和發展的挑戰。

家長是孩子的撫養人，絕對不要做飼養員，亂補營養會擾亂寶寶進食的規律，破壞寶寶的選擇能力，長期下去很容易造成營養失衡，有害無益。

控制鹽的攝取量

寶寶的口味與家長有關，家長的口味重，寶寶飲食中的鹽含量也會增多。家長在給寶寶準備膳食時，一定要注意減少鹽的成分。南方人喜歡吃梅干菜、鹹魚和臘肉等，這些食物含鈉量普遍高，寶寶應該盡量避免。此外，豆瓣醬、辣醬、榨菜、酸泡菜、醬瓜、豆醬、大醬、豆腐乳、鹹鴨蛋等也應

該盡量避免給寶寶食用。

寶寶夏季出汗較多，或寶寶出現腹瀉、嘔吐時，寶寶的鹽攝取量可比平時增加一些。平時的話，家長都應該給寶寶多吃些清淡的食物。

給寶寶吃水果要適度

水果多性寒、涼，而中醫認為，寶寶脾胃虛弱，消化功能差，多食水果易加重脾胃的負擔，致使飲食失調，脾胃功能紊亂。水果並不是像父母想像中的那樣什麼都好。

一些水果如杏桃、李子、梅子、草莓中所含的草酸、安息香酸、金雞鈉酸等，在體內不易被氧化分解掉，經新陳代謝後所形成的產物仍是酸性，這就很容易導致人體內酸鹼度失去平衡，吃得過多還可能中毒。

一些水果可致病，如橘子性熱燥，吃多了可「上火」，令人口乾舌燥，過量會使人的皮膚與小便發黃及便祕等；柿子則會令人得「柿石症」，症狀為腹痛、腹脹、嘔吐等；還有荔枝，因其好吃，極易多吃，則導致四肢冰涼、多汗、無力、心動過速等；還有寶寶愛吃的鳳梨，吃多了會令身體發生過敏反應，出現頭暈、腹痛，甚至產生休克。

一些水果還易引起糖尿病。水果吃多了，大量糖分不能全部被人體吸收利用，而是在腎臟裡與尿液混合，使尿液中糖分大大增加，長此以往，腎臟極易發生病變。

因此，寶寶雖可以食用水果，但要有節制。

第四節
適合寶寶左右腦開發的遊戲：小風車，轉轉轉

樹葉作畫

遊戲目的

提高寶寶協調能力。手的動作能力不僅是促進大腦發育的途徑，更是寶寶日後獨立生活的行為基礎，這個遊戲可以訓練寶寶雙手配合協調動作的能力，提高手部運動的自主性和準確性。鍛鍊寶寶對構圖、線條、色彩的敏感性，有助於寶寶創造性思維和想像力的發展，從而培養較高的藝術鑑賞力。

遊戲準備

樹葉、膠水、紙張。

遊戲步驟

1. 爸爸、媽媽帶寶寶去戶外撿拾樹葉，一邊撿一邊和寶寶一起欣賞樹葉的色彩和形狀。
2. 把樹葉裝到袋子裡帶回家。
3. 媽媽在紙上畫一個大樹幹，和寶寶一起來給樹幹貼上樹葉。
4. 媽媽教寶寶用大拇指和食指合作，將大樹葉撕成許多小樹葉，然後用拇指和食指將小樹葉·張一張地沾上膠水，貼在樹幹上。
5. 把多餘的膠水用布擦乾。一起來和寶寶欣賞你們的大作吧！
6. 讓寶寶挑出一些好看的樹葉，把它壓在鏡框裡，就成了一個很好的裝飾品，把它當作寶寶送給爸爸、媽媽生日的禮物也不錯哦！

寶寶掌握了樹葉畫的製作方法後，可以讓他們自己創意，隨意拼貼，媽媽不要限制過多，以免傷害寶寶的積極性。

去動物園

遊戲目的

訓練寶寶連續講述一件事情的能力，培養寶寶的語言連貫性，從而提高其左腦語言能力。

遊戲準備

父母可以先讓寶寶做一件事情或去一個地方，如週末帶寶寶去動物園等。

遊戲步驟

1. 當寶寶回到家後，父母可以啟發寶寶做較完整的敘述。
2. 比如什麼時候，和誰去哪裡，都看見了什麼，等等。
3. 可以反覆兩三次。

遊戲提醒

對接觸過的實景與實物的敘述，可有效促進寶寶的語言能力發展。

分類和接龍

遊戲目的

提高寶寶手眼配合能力。這個遊戲透過訓練寶寶對顏色、圖形、數字的

識別和分類能力，鍛鍊了寶寶手眼配合的能力，促進寶寶整體動作的進一步發展。分類是寶寶學習數學的重要內容，分類活動展現了寶寶的概括能力，是邏輯思維發展的一個重要標誌。為寶寶數學能力的發展奠定了良好基礎。

遊戲準備

一副撲克牌。

遊戲步驟

1. 媽媽把撲克牌打開，給寶寶示範分類方法。按顏色可分為紅、黑兩色；按花色可分為紅，心、方塊、黑桃、梅花四類。
2. 媽媽找出一張紅（黑）色的紙牌，讓寶寶把其餘紅（黑）色的紙牌找出來和它放在一起。
3. 媽媽分別找出紅心、方塊、黑桃、梅花四張紙牌，讓寶寶去找同樣花色的紙牌。
4. 教寶寶把同樣花色的紙牌按照從 1 ～ 10 的順序排好。

遊戲提醒

寶寶的耐心和注意力有限，開始時不要期望寶寶能把所有的類別都分出來，只要讓寶寶懂得遊戲規則，找到規律即可，可以分幾次玩。

勇敢的小傘兵

遊戲目的

提高寶寶跳躍能力。跳躍運動對骨骼、肌肉、肺及血液循環系統都是一種很好的鍛鍊，可以使寶寶長得更高、更壯、更健康。這種運動對淋巴系統也很有益，能夠增強寶寶的免疫力。寶寶這個時候可以獨自行走、獨立完成

跳躍等有難度的動作，自我意識大大提高，逐漸對自己建立起自信心、

遊戲準備

較大的遊戲空間，室內和室外均可。

遊戲步驟

1. 將被子疊成 10 公分左右的高度，讓寶寶站到上面雙腳往下跳。
2. 在戶外，找一個有小臺階的地方，讓寶寶從臺階上跳下來。
3. 根據寶寶運動發展的情況，適當增加臺階的高度。

遊戲提醒

1. 遊戲的第一步最好在家中進行，因為直接在較硬的地上跳躍，寶寶的膝蓋和腿部可能會受傷。先讓寶寶在室內練習，有利於提高寶寶的膽量和跳的技巧。
2. 戶外臺階高度要以寶寶的跳躍能力而定，爸爸、媽媽要不斷鼓勵寶寶，增強寶寶的自信心。

學會穿褲子

遊戲目的

生活技能培養。透過遊戲的方式，讓寶寶學會穿褲子的方法，鍛鍊了寶寶四肢靈活性和整體動作的協調性，提高寶寶生活自理能力。適時地讓寶寶做一些力所能及的事情，有助於幫助他們建立自信心和培養自立精神，推動綜合智能的提升。

遊戲準備

寶寶的褲子一條。

遊戲步驟

1. 媽媽給寶寶穿褲子，先穿一條褲腿，說：「火車進山洞啦。」
2. 再穿另一條，說：「哎呀呀，我遲到啦。」
3. 也可以把兩條腿穿進一條褲腿中，說：「哎呀呀，撞車啦。」趕忙抽回一條腿，穿進另一條褲腿中。

遊戲提醒

在教導寶寶學習基本生活自理能力時，應耐心地做清楚而明確的示範，不要心急。

糖和鹽去哪兒了

遊戲目的

獲得知識經驗。透過讓寶寶觀察不同材料放進水裡的變化，使寶寶懂得什麼是溶化，幫助寶寶對事物有一個初步認識。豐富的知識經驗能促進觀察能力的發展，提高觀察力水平。

遊戲準備

三個透明的玻璃杯，三張寫有沙子、糖、鹽的標籤，沙子、糖、鹽各少許。

遊戲步驟

1. 把三個透明玻璃杯分別裝上水，外面分別貼上「沙子」、「糖」、「鹽」

的標籤。

2. 把沙子、糖、鹽依次倒入杯中。動作慢一點，量要足，以便讓寶寶看到糖和鹽逐漸溶化的過程。

3. 對比沙子，讓寶寶知道，有些東西是不能溶於水的。

4. 還可以讓寶寶嘗一嘗糖和鹽的味道，把杯子上的標籤撕下來，讓寶寶根據味道來選擇對應的標籤。

遊戲提醒

遊戲時，寶寶的小手會沾上糖、鹽、沙子，叮嚀寶寶不要用手揉眼睛，遊戲結束後要立即洗手。

跳房子

遊戲目的

這個遊戲能夠鍛鍊寶寶腿部力量，增強身體靈活性，使其體能得到鍛鍊。運動還能促進腦中多種神經遞質活力，使大腦思維反應更為活躍、敏捷，並透過提高心腦功能，加快血液循環，使大腦享受到更多的氧氣和養分，從而起到提升智力的作用。

遊戲準備

戶外較大的遊戲空間，一枝粉筆。

遊戲步驟

1. 爸爸在戶外水泥地上畫三個房子，一個是圓形，裡面寫「寶寶」，一個是正方形，裡面寫「媽媽」，一個是三角形，裡面寫「爸爸」。

2. 教寶寶認識形狀和字，爸爸給指令，寶寶往相應形狀的房子裡跳。

3. 擦掉房子裡面的字，讓寶寶憑記憶，按照爸爸的指令跳。媽媽和寶寶比賽（單腳、雙腳跳），看誰跳得對，跳得快。

4. 也可以在「房子」裡面寫上數字，讓寶寶認識這些數字，並根據媽媽的指令來跳。

遊戲提醒

1. 寶寶開始可能跳不到位，要多多鼓勵寶寶。

2. 若寶寶單腳跳躍能力還不夠，可先練習雙腳跳。

聞一聞，嗅一嗅

遊戲目的

嗅覺刺激訓練。寶寶的嗅覺發育與視覺、聽覺、味覺、觸覺等統合感覺的發育同樣重要，感覺統合影響著寶寶的身體和心理發育，因此，適當的刺激將有助於寶寶身心健康的發展。透過對好和壞空氣的比較，使寶寶認識到汙濁的空氣對人類是不好的，在適當的知識引導下，建立起朦朧的保護環境的意識。

遊戲準備

雨後或晴朗的天氣，戶外。

遊戲步驟

1. 帶寶寶到戶外，有意識地讓寶寶體驗不同的空氣。

2. 在車輛擁擠的大街上，讓寶寶說說這裡的空氣是什麼味道。

3. 在花草樹木繁茂的公園，讓寶寶深呼吸，說說這裡的空氣是什麼味道。

4. 告訴寶寶：「汙濁的空氣對人身體不好，所以，要保護樹木和小草。」給

寶寶講述一些環保方面的知識。

遊戲提醒

爸爸、媽媽可隨時隨地對寶寶進行愛護環境的教育，使寶寶從小建立愛護環境、保護環境的意識。

小風車，轉轉轉

遊戲目的

提高寶寶感知自然的能力。風是無形的，透過風車轉動讓寶寶感知風的形態和力量，豐富自身對自然現象的感受，有效促進其自然感知智能的發展。大自然的神奇特別容易吸引寶寶的注意力，激發他們的好奇心，從而表現出極大的探索欲，激發學習的潛能。

遊戲準備

一張硬紙卡、膠水、圖釘或大頭針、筷子。

遊戲步驟

1. 把正方形的卡紙分別對角折好。
2. 用剪刀沿著對角線剪至 2/3 處。
3. 將四個角折至中心，並用膠水固定，用圖釘或大頭針把風車固定在筷子或小木棍上。
4. 讓寶寶拿著風車擺動、跑動，看看什麼時候風車才會轉。
5. 讓寶寶說一下風在哪兒。
6. 還可以用色紙做成三角形和長方形的旗子，固定在筷子或小木棍上，讓寶寶感覺風吹動的方向。

遊戲提醒

颱風的時候帶寶寶出門，看看被風吹動的樹葉、白雲，聽聽樹葉搖動的聲音，感覺風吹在臉上的滋味，聞聞風吹來的味道。讓寶寶說出自己的感受。

聽爸爸媽媽講故事

遊戲目的

透過故事接龍的訓練，可以強化寶寶的聆聽與說話能力，同時給寶寶思考與表達的機會，可以充分啟發寶寶的語言智能，從而促進寶寶的左腦發育。

遊戲準備

兒童故事繪本，輕鬆的心情。

遊戲步驟

1. 爸爸、媽媽先選一兩本經常閱讀的繪本，試著引導寶寶進行故事接龍的訓練，它可以給寶寶更多語文方面的鍛鍊。

2. 如果寶寶不曾進行過這樣的訓練，爸爸、媽媽可以先起個頭說：「從前有一位老爺爺，他住在……」然後請寶寶接敘故事的內容。不論是自創的故事還是耳熟能詳的童話，在故事大接龍的訓練中，你一定會為寶寶的想像力及創造力感到驚訝。

遊戲提醒

如果寶寶不知道該如何開始，家長可以多給予一些提問及引導，讓寶寶試著更完整地表達自己的想法。

音樂之聲

遊戲目的

讓寶寶用耳朵聽、用手敲打，認識不同材料的不同音色，從而發展寶寶的左腦。

遊戲準備

塑膠罐、玻璃罐、鐵罐若干個，大紙箱一個，任何可以敲打的棒子。

遊戲步驟

1. 爸爸、媽媽敲打三種不同的罐子，讓寶寶用耳朵仔細聽聽罐子所發出來的聲音，然後請寶寶閉上眼睛聽，猜一猜是哪一個罐子的聲音。

2. 讓寶寶站在中間，然後爸爸、媽媽從遠處敲打其中一個罐子，讓寶寶閉上眼睛指出聲音的方向。

3. 讓寶寶用棒子敲打任何東西，包括門、窗、桌子等，了解各種音色的不同。

4. 將各種瓶瓶罐罐及大紙箱當成樂器，配上音樂，請寶寶來一場即興的演奏。

遊戲提醒

1. 不要讓寶寶敲打易碎物品，避免寶寶受傷。

2. 要適時給予寶寶讚美，讓寶寶更樂意嘗試。

動物寶寶吃飯了

遊戲目的

學習能力培養。識字是早期教育的一個方面，但識字並不是目的，真正目的是使寶寶獲得愉悅的學習體驗，並從中得到一些學習經驗。讓寶寶了解日常生活中小動物常吃的食物，透過圖畫和文字的一一對應，培養寶寶對應事物的能力，提高其邏輯思維能力。

遊戲準備

小貓、小狗、小兔子、魚、肉骨頭、紅蘿蔔圖片和相應字各卡一張。

遊戲步驟

1. 媽媽出示小動物圖片，讓寶寶說出它們的名稱，把字卡和小動物圖片放在一起。
2. 媽媽說：「開飯了，請給動物寶寶擺上它們最喜歡吃的東西吧！」
3. 媽媽拿出小貓的圖片和字卡，讓寶寶找出「魚」的圖片和字卡。
4. 依此類推。

遊戲提醒

寶寶對圖片的記憶能力高於對文字的記憶能力，請給寶寶多一點時間和適當提示讓他找到對應的字卡，媽媽不要催促和責備。

第五節
23 ～ 24 個月能力發展測驗

23 ～ 24 個月寶寶的能力測驗

1. 背數到：

    A、30（8 分）

    B、20（7 分）

    C、15（6 分）

    D、10（5 分）

    E、5（4 分）

    點數到：

    A、10（10 分）

    B、7（7 分）

    C、5（6 分）

    D、3（5 分）

    E、2（4 分）

    兩項相加算總分，背數往上每加 10 遞增 1 分，點數往上每加 1 遞增 1 分，以 10 分為合格

2. 說出圖書或圖畫中人物的職業和稱呼：

    A、4 人（12 分）

    B、3 人（9 分）

    C、2 人（6 分）

161

　　　D、1 人（3 分）（5 種以上每人遞增 2 分）

　　　以 9 分為合格

3. 用顏色形容常用的東西：

　　　A、4 種（12 分）

　　　B、3 種（10 分）

　　　C、2 種（7 分）

　　　D、1 種（4 分）（5 種以上每種遞增 3 分）

　　　以 10 分為合格

4. 學畫：

　　　A、模仿畫圓形（封口曲線）（10 分）

　　　B、開口曲線（6 分）

　　　C、橫線（6 分）

　　　D、豎線（4 分）（畫由圓形衍變的圖畫如太陽、蘋果、梨等，每個 2
　　　　分），以 10 分為合格

5. 按順序套入套盒內：

　　　A、8 個（8 分）

　　　B、6 個（6 分）

　　　C、4 個（4 分）

　　　D、2 個（2 分）（倒扣砌塔，每個另加 1 分）

　　　以 8 分為合格

6. 在布巾下放造型積木，用手在布上摸清如圓形、正方形、三角形、長方
　　形及其他造型積木：

　　　A、4 個（12 分）

B、3個（9分）

C、2個（6分）

D、1個（3分）（4個以上每個增加3分）

以9分為合格

7.　說清楚大人稱謂（爸爸媽媽、爺爺奶奶、阿姨叔叔等）：

A、4人（14分）

B、3個（12分）

C、2人（10分）

D、1人（5分）（每個遞增3分）

以10分為合格

8.　會唱一首歌：

A、大致會唱，可以辨認是什麼歌（10分）

B、不能辨認是什麼歌（5分）

C、不會唱（0分）

以10分為合格

9.　喜歡躲藏讓人尋找（門後、櫃子後、桌下、床下等）：

A、3處不同地方（8分）

B、2處不同地方（6分）

C、總是一個地方（4分）

以6分為合格

10.　會用小湯匙：

A、完全自己吃乾淨（8分）

B、吃去大半（6分）

C、吃去一半（4 分）

D、要人餵（0 分）（會用筷子加 5 分）

以 8 分為合格

11. 上樓梯：

A、自己扶欄雙腳交替（10 分）

B、雙腳踏一臺階（8 分）

C、大人牽上樓梯（5 分）

D、抱上樓梯（0 分）（自己扶欄雙腳踏一臺階下樓梯加 3 分）

以 10 分為合格

12. 學跳：

A、自己雙腳離地跳（12 分）

B、大人牽雙手從最後一級臺階跳下（10 分）

C、不離地跳（6 分）

以 10 分為合格

結果分析

1、2、3 題測認智能力，應得 29 分；

4、5、6 題測手的技巧，應得 27 分；

7、8 題測語言能力，應得 20 分；

9 題測社交能力，應得 6 分；

10 題則自理能力，應得 8 分；

11、12 題測運動能力，應得 20 分。共計可得 110 分，90～110 分是正常範圍，120 分以上為優秀，70 分以下為暫時落後。哪道題在及格以下，可

先複習上月相應試題，通過後再練習本月的題。哪道題在優秀以上，可跨月練習下月同組的試題，使優點更加突出。

第六章　寶寶 23 ～ 24 個月：雙腳離地跳起來

第七章

寶寶 25 ～ 27 個月：
帶著想像看圖畫書

第一節
開發寶寶的左腦：「我叫 ×××」

訓練寶寶的語言能力

自我介紹。這一階段的寶寶能向老師介紹自己的姓名、年齡、性別，父母的姓名和家庭詳細住址（包括街區、巷弄、門牌號或樓號）、家庭電話號碼或父母的手機號碼。寶寶能記住這麼多資訊並非一日之功，2 歲的寶寶基本上能說出自己的姓名、年齡、性別和父母的姓名。平時帶寶寶上街，走出樓門時，讓寶寶看看是第幾門，走到樓號前讓寶寶記住是幾號樓。有些社區有

名字，也可讓寶寶記住。走出巷口，讓寶寶記一記巷弄的名稱，再走到大街上時也應讓寶寶記住街道的名稱。

媽媽可以把這些要記住的內容，在 4 週內讓寶寶記住。第一週先記家門、樓門和樓號；第二週記社區和巷弄名稱；第三週記街道名稱，並把以前的都複習幾遍；最後一週學記電話號碼。

父母教寶寶作自我介紹是一種安全教育，寶寶到 2 歲之後經常外出，他已有一定的主見，會對某些感興趣的事流連忘返，父母稍不留神就找不到寶寶。如果他學會了自我介紹，能讓別人更容易幫助寶寶與父母聯繫。寶寶能記住的項目越多，就越容易得到幫助。經過分段記憶，寶寶能記住大量資訊。

出現較長的句子。寶寶說的話中，出現了主要的名詞、動詞和形容詞。例如：「我要吃紅蘋果」、「給我拿會叫的娃娃」等。寶寶傳話比以前清楚了，如「爸爸說不回來吃晚飯了」、「奶奶不喜歡吃香菜」等。寶寶會告訴爸爸：「今天弟弟來過，把我的小車拿走了。」爸爸可以進一步問：「誰跟弟弟一起來的？你們到哪裡去玩了？」等等，讓寶寶多跟父母說話，以促進寶寶語言能力的發展。

詞彙飢餓。寶寶成天問這問那，總是纏著爸爸媽媽，一會兒問：「這是什麼？那是什麼？」再問：「裡頭有什麼？它為什麼轉？這有什麼用？」寶寶到處發現問題，希望父母回答。媽媽本來很願意回答問題，但是寶寶不停地問，有時被問煩了，就唸了他幾句。父母要正確對待寶寶「詞彙飢餓」的時期，在此期間寶寶最容易學會而且記住詞彙。爸爸媽媽要盡可能地多回答寶寶的提問，使他能盡最大努力去掌握事物的特點，以開發寶寶的潛能。

「給」。兩歲的寶寶用得較多的動詞是「給」，「給」字在 1 歲半時用得很

簡單，如爸爸說「把電話拿給我」，寶寶就明白了爸爸的意思，將電話遞給爸爸。到 2 歲時「給」字就用得複雜些，如「拿一個給我呀」、「奶奶蒸包子給我吃」兩句中，「給」是作動詞用。

據專家研究，2 歲寶寶說的話以 6 ～ 10 個字為多，沒有超過 16 個字的句子。句子的長度隨年齡增長而增加，5 ～ 6 歲的寶寶才能說有 16 ～ 20 個字的長句。句子的結構，開頭是單詞句，以名詞為主，後來為雙詞句，有主語和謂語，再後來加上賓語。2 歲的寶寶講話已帶形容詞，有時是簡單的，有時是複雜的，所以句子較長。寶寶在 2 ～ 3 歲一年中進步會很大，由說不太容易聽懂的句子發展到能說意思表達得十分明白的句子，多與寶寶交談能夠加快寶寶語言的發展。

答反義詞。寶寶知道許多反義詞，如父母說「上」，寶寶能對「下」。寶寶知道「大」對「小」，「長」對「短」，「高」對「矮」，「胖」對「瘦」，「冷」對「熱」，「快」對「慢」，「輕」對「重」，「白」對「黑」，「軟」對「硬」等。這些詞是寶寶平時看到和聽到的，有時父母覺得奇怪，自己並沒有教過寶寶，不知道寶寶從哪裡學來的。由於寶寶愛問，他知道一個詞後總想知道它的反義是什麼，而知道了它的反義，才能正確理解這個詞。寶寶總會想方設法問到一個詞的反義詞，以便記憶。寶寶在腦子裡不斷地把這些詞排列、歸納、比較，他對事物的認識也就加深了。

訓練寶寶的精細動作能力

教寶寶使用筷子。寶寶學會用湯匙自己吃飯後，就可以學習拿起筷子跟爸爸媽媽一起吃飯。剛學拿筷子有點困難，多數寶寶像拿棍子一樣，兩根筷子分不開，只會扒飯入口，不會夾菜。個別的寶寶能把筷子分開，並能夾起

菜來十分順利地把菜放入口中。早期上桌子吃飯的寶寶，較早會用筷子，能隨意夾菜。平時可跟寶寶玩夾紅棗的遊戲。把紅棗撒在桌子上，讓寶寶用筷子把紅棗夾到碗中。媽媽跟寶寶一起練習，讓寶寶用拇指、食指、中指拿前面的一根筷子，用無名指、小拇指固定後面的一根筷子。前面的一根筷子做活動，後面的一根做對應，就能把細小的東西夾住。用紅棗做練習有許多好處，紅棗表面有皺不易滑脫，便於寶寶練習用筷子。

寶寶學會用筷子，比用湯匙和刀叉對大腦的影響更好。因為有 20 萬個神經細胞管理手的操作，只有 5 萬個神經細胞管理全身的運動。

用筷子需要做的動作比用刀叉和湯匙精細得多，動用的神經細胞數目更多，對智力和語言的發展都有促進作用。

教寶寶解釦子。給寶寶穿上外套，扣上一顆大鈕釦。對寶寶說：「寶寶，解開釦子」。如果寶寶做不到，媽媽可以手把手教他怎麼解釦子。剛開始的時候，練習解開胸前能看得見的大釦子，熟練之後再試著去解小釦子。寶寶 2 歲～ 2 歲半時，應當經常讓寶寶自己早上學習穿衣繫釦，晚上洗澡前自己解釦，大人不應剝奪寶寶自己學習的機會。

訓練寶寶的數學邏輯能力

跳繩學進位。大孩子們跳繩時，小寶寶們在旁邊看並跟著數數：一五六，一五七，一八一九二十一，二五六，二五七，二八二九三十一，三五六，三五七，三八三九四十一，四五六，四五七，四八四九五十一，五五六，五五七，五八五九六十一。

六五六，六五七，六八六九七十一、七五六，七五七，七八七九八十一、八五六，八五七，八八八八九九十一，九五六，九五七，九八九九一百一。

2 歲的寶寶可以跟著大孩子們背誦，如同背兒歌那樣，等到他們自己數數時就容易學會 9 ～ 10 的進位。特別是 19 ～ 20，29 ～ 30，39 ～ 40，49 ～ 50 容易學會，如果能正確進位，不少寶寶能數到 50 以上。

數字接龍。為寶寶準備 1 ～ 5 的數字卡片，教他用數字接龍，按 1 ～ 5 的順序一個一個接下去。例如：2 接 1，3 接 2，4 接 3，5 接 4，讓寶寶在桌上擺出一條長龍，使他有成就感。寶寶在擺數時有必要把數字唸出聲音來。

比哪一盒積木多。寶寶原來有一盒方積木，爸爸又買來一盒建築積木，建築積木的盒子比方積木的盒子大。爸爸問寶寶：「你猜哪一盒積木多？」寶寶知道應該用一比一排隊的方法來進行比較，他馬上把兩個盒子裡的積木倒出來，逐個排隊，結果大盒子裡的積木反而不如方盒子裡的積木多。因為建築積木每一個都又長又大，占了較大的空間，大盒子也盛不了多少塊積木。

走 3 步跳 1 跳。爸爸跟寶寶到院子裡去玩，兩人都要走 3 步跳 1 跳。先由爸爸數數，跳過之後由寶寶數數，兩人交替，一人說：「1、2、3，跳。」另一人說：「4、5、6，跳。」因為爸爸的步伐大，跳得遠，所以後來只好等一等寶寶。寶寶如果接錯數，爸爸要及時糾正。有些寶寶只會數到 20 或 30，爸爸幫一幫寶寶就可以多數些。往回跳時，寶寶可以從頭數起，前面的數數得比較熟練，可以走得快些，後面的數數得不熟練，可以走慢些，爸爸陪同寶寶一面數數一面走，結果與爸爸一同回到起點。這種又走又跳又數數的方法，比單純數數有趣，適合寶寶愛動的特點。爸爸跟寶寶一起數，便於領著寶寶往上數，能克服寶寶數不上去的困難。

訓練寶寶的視覺空間能力

比高矮。過去父母給兩個寶寶比較高矮的方法是讓他們背靠背，在他們

頭上放一本書，書翹起來那邊的人就高一些。現在可以用量尺測量的辦法比高矮。寶寶脫了鞋，腳跟、身體和頭部都貼著牆，用一本書放在寶寶的頭頂上，在書的下面畫上線，媽媽蹲下，讓量尺的一頭與地面齊平，另一頭與畫線處齊平，量出高度。將幾個寶寶都用同樣方法比出高度來，就可看出誰最高、誰最矮。可以在最高和最矮之間，用小尺量出差別為幾公分，誰與誰之間的差別也就可以量出來了。

目前寶寶還不會看量尺，爸爸可以幫忙。寶寶也並不在意量出的高度是多少，寶寶只要看出差別的長度來，自己用手來比一比就很滿意了。大家都用同一個方法來量，就能量出差別。寶寶懂得量的方法，就有收穫。

喜歡美觀的圖畫書。寶寶 1 歲時，特別喜歡寫實的圖畫，無論動物、植物、食物、生活用品等都喜歡寫實的圖畫。2 歲以後，寶寶的想像力比以前豐富，喜歡看一些擬人的動物故事插圖。

動物們都穿上衣服，都跟人一樣會說話、有感情。連大樹也會說話、會用樹枝做動作。小草、小花也跟人一樣要吃飯、要上床睡覺。星星會眨眼，月亮裡住著小兔子。太陽公公會笑也會哭，會大發雷霆又閃電又打雷，一連哭了半個月才出來笑一笑。所以給 2 歲以上的寶寶買圖畫書時，要考慮到寶寶的想像力發展的問題，選購美觀的圖畫故事書，才能符合該年齡階段的寶寶的需要。

會分左右。寶寶學用筷子後，如果媽媽問：「哪隻手拿筷子？」寶寶會舉起拿筷子的右手回答。有些寶寶用左手拿筷子，他會舉起左手，並說：「人家說我是『左撇子』。」這時媽媽可以說「多數人用右手拿筷子，也有的人用左手拿筷子」，然後再說「把右手舉起來，用右手摸右眼睛，用右手摸右耳朵，用右手摸左膝蓋，用左手摸右肩膀，用左手摸左眼睛」等。如果媽媽跟

寶寶同時做，媽媽應背對寶寶，站在寶寶前面做，使兩人方向相同。在家裡兩人可同時對著大鏡子來做，讓寶寶看著鏡子，二人在相同的方向，方便寶寶學習。

　　摸鼻子。先讓寶寶摸媽媽的鼻子，然後用手帕蒙住寶寶的眼睛，讓寶寶再來摸媽媽的鼻子。媽媽可以提示寶寶先摸到椅子，再往中間向上就可以摸著媽媽的鼻子了。如果寶寶真的摸到了，可以讓寶寶後退 3 步再蒙著眼睛向前走 3 步，摸媽媽的鼻子。

　　這個遊戲是訓練寶寶的方位感和本體感覺的共同協作，是家庭中很容易做的遊戲。準備遊戲前最好把一些多餘的家具搬開，以免寶寶蒙眼向前走時碰上。父母坐的位置要固定，不能移動，因為寶寶靠記憶決定方位和高度。能夠蒙眼摸到鼻子的寶寶，有較好的方向感。

　　畫山和水。爸爸找出一幅很簡單的山水畫，先讓寶寶看看，然後把畫收起來。爸爸拿蠟筆在紙上畫一個鈍角，說是大山，讓寶寶在旁邊畫幾個角，都算作山。爸爸在山下畫幾條線，略微有些彎曲，說是水，也讓寶寶跟著畫幾條輕輕的線，方向相同，像水流一樣。再給寶寶一張紙，讓寶寶自己畫山，山下面畫水，看寶寶畫的是否有點像。

第二節

開發寶寶的右腦：在遊戲中讓寶寶跑起來

訓練寶寶的大動作能力

坐蹺蹺板。父母讓寶寶與同齡兒童各坐蹺蹺板的一頭，並扶著把手，落地一方的寶寶用腳蹬地面，蹺蹺板會上升，對方會下降。下降方的寶寶再蹬地面，又使蹺蹺板上升。兩個寶寶一升一降，二人不停地適應高度的變化，從而使寶寶的前庭系統得到鍛鍊。有些蹺蹺板有旋轉的功能，如果寶寶用腳蹬地面時身體向一側使勁，蹺蹺板會向一側轉動而上升；對方降下時也用腳向同方向用力一蹬，蹺蹺板一面升降，一面轉動，這讓寶寶的前庭受鍛鍊的範圍增大。2 歲的寶寶只能用長 1.25 公尺以內的蹺蹺板，其平放時寶寶能坐得上去，蹺蹺板達到最高處時父母也能搆得著抱寶寶。但是如果寶寶害怕，父母要把寶寶抱下來時，不能在寶寶達到高處時突然將寶寶抱下來，否則對面的寶寶突然下降，木板會壓傷他的腿腳。父母應把蹺蹺板扶平，讓兩個寶寶同時下來，才能保證安全。

短跑。爸爸帶著寶寶在戶外練習短跑，從一棵樹跑到另一棵樹，或從一棟樓跑到另一棟樓。距離不能太長。爸爸可以在前面跑，也可以在後面追。到達目的地以後可以讓寶寶走回來，然後略為休息。每天要讓寶寶有短暫的跑和走的交替運動，可以在社區的院子內、附近公園內或其他安全的地方運動，不宜在有車行駛的馬路上練習。

短跑是全身運動，能使孩子身體各部分相互協調，既保持平衡，又能使全身動作靈活。經常跑步的寶寶容易長高，因為在跑步時，四肢血液循環通暢，血液中的鈣和磷容易沉積在骨骼中。反之，經常不運動的寶寶，血液中

的鈣和磷進入骨骼的少，隨著血液從腎臟排出的多，對身高成長不利。

跟爸爸一起盪鞦韆。讓寶寶坐在爸爸腿上，雙手扶著繩子，二人坐在鞦韆上晃動，讓寶寶感受盪鞦韆的樂趣。寶寶習慣後，試試讓寶寶扶著繩子坐在鞦韆上，爸爸輕輕推動寶寶。如果寶寶害怕，可以讓爸爸抱著寶寶再練習盪鞦韆。如果同時有幾個孩子在玩，有些大哥哥能站在鞦韆上自己用力使鞦韆盪得很高，可以讓寶寶觀察他們的玩法。不過寶寶開始不宜站著，應先學自己坐穩，父母幫助推動鞦韆，到長大以後再練習自己站著操縱鞦韆。

鞦韆是幫助寶寶適應高空平衡的良好練習工具之一。寶寶在向高處晃動時，心情愉快，有一種飛翔的感覺，因此孩子們喜歡玩鞦韆。

如果院了裡有一棵大樹，就可以用繩子自己吊一個鞦韆。小的寶寶坐的空間應大些，如用舊的輪胎吊上四根繩子，讓寶寶坐在輪胎內晃動，比兩條繩子的鞦韆更安全。習慣了在高空晃動，再改成兩條繩子的鞦韆，寶寶就較容易自己調整身體平衡了。

訓練寶寶上高處搆取物品。將玩具放在高處，在家長的監護下，看寶寶是否學會先爬上椅子，再爬上桌子站在高處將玩具取下。讓寶寶學會四肢協調，身體靈巧。訓練前，家長要先檢查桌子和椅子是否安放牢靠，並在一旁監護不讓寶寶摔下來。學會了上高處搆取物品之後，家長要注意，洗潔劑、化妝品、藥品等凡是有可能讓寶寶夠取下來誤吞誤服的東西，都應鎖入櫃子內，不能讓寶寶自己取用。當寶寶能取到玩具時應即時讚美：「看我們寶寶多棒！真厲害！」

練習踢球。用凳子搭個球門，先示範將球踢進球門，然後讓寶寶試踢進去。要給予鼓勵。

訓練寶寶的適應能力

自己洗手。媽媽可以跟寶寶一起洗手先把手沖溼，打上肥皂，然後把手心、手背先洗淨，再把手指縫和手指甲都洗洗，再沖淨。媽媽檢查一遍，如發現寶寶的手有未洗乾淨之處，可拿肥皂再擦洗，有些小地方可用小刷子清洗。要求寶寶每次飯前洗手，外出遊戲之後洗手，打掃衛生後也要洗手，寶寶學會認真洗手後，才能保證個人衛生和家庭衛生。因為寶寶的手乾淨，玩具也乾淨，寶寶摸過的東西也乾淨。讓寶寶有自覺地保持手乾淨的習慣，摸過髒東西後洗手，免得透過手傳染疾病，讓寶寶知道愛乾淨的好處，他就會經常主動地去洗手了。

教訓娃娃。寶寶受到責罵後，會把怒氣向布娃娃發洩。例如寶寶對著別的孩子手揚沙土，受到媽媽的責備，被媽媽帶回家，這時，寶寶會找到娃娃或泰迪熊，教訓他們一頓，然後把它們放回原來的地方，或用盒子把它們裝起來。寶寶責備它們的樣子跟媽媽責備寶寶一樣。透過責備娃娃或泰迪熊，寶寶進一步認識到自己的錯誤，懂得把沙土揚到別人眼睛裡會讓人睜不開眼，甚至要到醫院才能把沙土取出，如果傷了眼睛，就闖大禍了。

寶寶責備了娃娃出了氣，慢慢理解了媽媽的話，下次玩沙時自己不揚沙土，也會主動制止別人揚沙土。這時的寶寶學會了檢討自己的過錯，進一步認識了自己的不足。

訓練寶寶的社交行為能力

聯合遊戲。1 ～ 3 歲的寶寶基本上處於平衡遊戲階段，2 ～ 2、5 歲的寶寶進入聯合遊戲階段。平衡遊戲是指寶寶各玩各的玩具，互不侵犯，但喜歡有同齡人在身邊。聯合遊戲雖然也是寶寶各玩各的玩具，但是如果其中有

一個寶寶喊叫一聲，其他寶寶都會模仿著喊叫，出現聯合的舉動。又如，聽到音樂時有一個寶寶拍手，其他寶寶也會跟著拍手。這種不約而同的舉動是聯合遊戲的特點。教師可以利用這種特點來組織團體活動，如按節拍敲擊小鼓，按次序套上套碗，按紅、黑、白次序穿珠，把形塊放入洞口等。大家的玩具相同，寶寶們就會左右看看，模仿別人去做。但是若有一個寶寶的玩具與別人不同，大家就會過來搶奪，不容易維持次序。家裡來了小客人時，也要考慮這個因素，如果兩個同齡的寶寶在一起玩，一定要有兩個一樣的玩具才能避免兩個寶寶打架。再者，兩個寶寶之中有一個哭了，另一個也會跟著哭；一個笑了，另一個也會跟著笑。他們之間會互相感染，爸爸媽媽應想到這一點，從而往積極和快樂的方面誘導寶寶。

　　預防走失。從 2 歲起寶寶很容易走失，因為他有獨立的主見，想自己去探索。當媽媽帶著寶寶在菜市場購物時，媽媽正在排隊付錢，寶寶自己趴在剖魚的櫃檯前看得津津有味。

　　媽媽付帳後去找寶寶，而寶寶以為媽媽正在排隊，走到隊伍裡又找不到媽媽。兩個人在菜市場裡「捉迷藏」，彼此都十分著急。

　　要告訴寶寶，突然找不到媽媽時不能大哭大叫，要找當地的管理人員，如市場經理或者值班的警衛人員，告訴他們自己走失了，請他們用廣播找媽媽。找不到菜市場的負責人，可以找到附近一家大商店，或某單位門口的警衛人員，請他們幫忙用電話跟媽媽聯繫。

　　平時帶寶寶外出時，媽媽應該讓寶寶知道哪裡有警察、哪裡有警衛人員、哪裡有街道辦事處及其他能臨時獲得幫助的地方，也應該讓寶寶知道，回不了家是十分危險的。寶寶隨媽媽上街，媽媽總是要辦一些事，寶寶自己不能離開媽媽。如果遇到排隊，或有耽誤時間的情況，寶寶也應當在媽

媽身邊，不能自己離開。如果寶寶想去看某些新鮮事，可以讓媽媽陪同寶寶一起去，不可以自己跑開。媽媽要教會寶寶懂得在遇到困難的時候向別人尋求幫助。

選擇朋友。有些父母會替寶寶選擇玩伴，但是寶寶自己很有主張，他會在幼兒園裡自己找玩伴，也會在附近公園裡選擇朋友。一般父母會給寶寶找一些愛乾淨的或穿得好的玩伴，但寶寶願意找可以向他學習的玩伴。例如寶寶想學唱歌，就找會唱歌的朋友；寶寶想學翻跟斗，就找會翻跟斗的玩伴。寶寶的玩伴並不是一成不變的，當他學會了翻跟斗，他就找會講故事或會背兒歌、會畫畫的寶寶做玩伴，因為他想學另一種本領，所以爸爸媽媽沒有必要替寶寶選擇朋友或玩伴，只需要把他帶到有許多小朋友的地方，讓他自由選擇。有些遊戲對寶寶有害，例如寶寶們都去用嘴啃同一樣東西，就會互相傳染疾病，這時就應把寶寶拉開，並且對他講明利害關係。

寶寶打人。有些寶寶打人是無意的，他伸手想跟人打招呼，但出手太重了，把別的寶寶打到了。這種情況容易改正，告訴他要輕輕地伸手，不要把別人打痛了。另一種是攻擊性地打人。有些寶寶從小就被父母冷落，得不到關愛，尤其是受過父母體罰的寶寶，懂得了如何去傷害他人。

如果家庭中父母有互相攻擊、打鬧的情況，**寶寶會進行模仿**。另一些父母又過於放縱、遷就寶寶，寶寶打父母時，父母還笑嘻嘻地認為寶寶真可愛，使寶寶更加樂於打人。

研究顯示，2 ～ 3 歲時經常打人的寶寶，上學後也愛打架和戲弄別人。這時如果不改正打人的毛病，長大後就會易發脾氣，導致夫妻不和、與同事關係緊繃，甚至犯罪，所以應及早糾正。

當寶寶打人時，父母應馬上抓住他打人的手，用嚴肅的神態看他，使他

知道錯了，等他情緒平息後再給他講道理。不能以體罰來對待寶寶。在他哭鬧時，父母暫時離開他，給予「冷處理」。待他停止哭鬧後，要指出他的錯誤，轉移注意力。平時要特別讚美寶寶的好行為，堅定寶寶學好的信心，用愛來化解攻擊。父母首先要相信寶寶是「好孩子」，使他向好的方面努力。

向寶寶講解從電視裡獲得的知識。寶寶能接受部分從電視上得來的知識，但電視裡的內容多數寶寶不明白，會經常提問，爸爸媽媽要耐心回答，因為這是難得的交流機會。最好讓寶寶看兒童節目，但由於大多數兒童節目是為大孩子準備的，所以許多卡通寶寶還是看不懂。如果父母能為寶寶準備一些適合的光碟，會使寶寶很高興。父母跟寶寶一起欣賞，為他講解，使他明白其中的意義。不過不宜讓寶寶長時間看電視，每次只能看 10 分鐘左右。

訓練寶寶的音樂能力

唱歌遊戲。寶寶們都會唱〈找朋友〉，讓寶寶們排成雙行，二人相對。唱第一句時，先互相招手，唱「你是我的好朋友」時，可以互相碰碰頭。

然後互相敬禮，互相握手，先指對方再指自己，握握手，招手說「再見」。第一排第一人跑到第一排的後面，第一排其他人向前邁一步，面向另一個小朋友，再開始唱歌。

如果小朋友是單數，由教師補上。

1 歲時，寶寶在媽媽懷裡做這個遊戲。2 歲後，寶寶們可以自己站起來與同齡兒童玩遊戲。個別不能離開媽媽的寶寶，可以讓媽媽牽著手陪著他玩遊戲，待習慣以後自己就可以參與了。

一面遊戲一面唱歌使寶寶們很快樂，用有意義的動作，隨著節拍邊做律動邊唱歌，既是遊戲，又是音樂的啟蒙教育。

聽有半音的音樂。給寶寶選擇容易聽懂的短小音樂，如《F 調旋律》、《天鵝》或《夢幻曲》等。在寶寶聽音樂時，爸爸媽媽可以選一些美的圖畫來作陪襯。在播放《F 調旋律》時，可以讓寶寶看優美的鄉村風景；聽《天鵝》時讓寶寶看天鵝飛翔的畫面；聽《夢幻曲》時，讓寶寶看睡著的布娃娃正在做美麗的天國之夢的畫等。鼓勵寶寶隨著節拍晃動身體，或輕輕地跟著旋律哼唱。這些樂曲在主題調或伴奏裡都有半音，感受半音會使寶寶感受樂曲的能力更強。

經常欣賞有半音的音樂，可以提高寶寶的欣賞能力。如果在 3 歲前寶寶從來沒有聽過帶有半音的音樂，寶寶對半音的分辨率會下降，難以識別音樂何時變了調，何時又變回來了，以後學習樂器就會有困難。對半音的分辨最敏感的時期是 2 ～ 3 歲，如果到 7 歲都未聽過半音，寶寶分辨半音的能力會消失，未來難以學習高難度的樂器演奏。

家庭合唱。媽媽跟寶寶齊聲唱一首歌。先唱大家都熟悉的兒童歌曲，可以配合一些動作表演或用玩具敲擊節拍，以活躍氣氛。也可以利用全家在一起時，教寶寶唱新歌，爸爸媽媽先唱一遍，讓寶寶聽到完整的歌曲，找出歌的主題，讓寶寶從有反覆的主題學起。例如唱〈春天來了〉，主題就是相同的頭兩小節。

短短的一首歌，這兩小節有一次重複，特別容易記憶。歌詞的內容寶寶都能理解，整首歌都在 5 個音階以內，適合 2 歲的寶寶學唱。如果家中有樂器，最好用 D 調來唱。

寶寶學唱歌大都從家庭裡學起，爸爸媽媽要關心寶寶音樂智能的發展，盡量讓寶寶唱適合他年齡的歌曲。

聽一種樂器獨奏。寶寶最容易聽到的是鋼琴獨奏，因為走在樓群中散步

時，可以聽到鄰居在練習鋼琴。有時是孩子們彈的練習曲，有時是爸爸媽媽們彈的世界名曲。人們都定時練琴，如果喜歡聽某一種樂曲，定時去某一個地方就能聽到。另一個辦法就是買某一種樂器的演奏錄音帶或者光碟，光碟更容易選擇想聽的樂曲。最好讓寶寶欣賞小提琴的獨奏樂曲，因為小提琴有較強的表現力。若寶寶喜歡其中的幾首曲子，可以重複地聽。

此外，也可讓寶寶欣賞豎笛獨奏，豎笛與小提琴的聲音不同，但也很好聽。寶寶記住它的特點後，以後聽到時馬上就能辨認出是什麼樂器獨奏的。

第二節
為寶寶左右腦開發提供營養：
根據體重調節寶寶的飲食

營養越好，寶寶越聰明

脂類在腦組織中含量最多，作用最大。磷脂、膽固醇、糖脂等是腦細胞構成成分，維持神經細胞的正常生理活動，並參與大腦思維與記憶等智力活動。脂肪中的亞油酸；亞麻酸、花生四烯酸、DHA、EPA 等不飽和脂肪酸，是人體不可缺少的必需脂肪酸，對腦細胞的發育和神經的發育起著極為重要的作用。研究顯示，如缺乏這一類必需脂肪酸可引起智能缺陷，甚至持久性損害。碳水化合物雖不是腦組織的構成成分，卻是大腦離不了的能源物質。維他命和礦物質雖說每日需求量不多，但對腦發育十分重要。維他命作為輔酶參與代謝，保證大腦的發育和進行正常生理活動。如缺乏時可引發神經及精神障礙，尤其是孕期體內缺少葉酸，易造成神經管畸形。礦物質、微量元

素對正在發育的腦組織極為重要，如缺乏鐵元素時，即使未出現貧血，但首先影響到腦功能，孩子注意力渙散，多動、煩躁，學習成績下降。缺乏鋅元素可引起發育遲緩或停滯，智力低下，食慾減退等症狀。碘元素缺乏則造不出甲狀腺素，不僅影響大腦及神經系統發育，智力低下，癡呆，而且生長停滯，身材矮小。

可見，要想讓孩子有一個聰明的腦袋，應在孕期到孩子出生後 3 歲之內，抓住這一黃金時期，合理平衡膳食。

控制吃飯時間的有效辦法

吃飯馬拉松

從現在開始，寶寶幾乎可以吃飯桌上大部分的飯菜。可以適當減少單獨為寶寶做飯的時間了，盡量靠近寶寶對飯菜的要求做一日三餐，這樣能夠讓寶寶和家裡人吃一樣的飯菜，減少寶寶挑食的可能。

有媽媽問，如果一天三餐，再加餐兩次，不知道如何安排時間，好像一天都在給孩子餵飯，沒時間帶孩子到戶外活動，有時還因為寶寶睡覺而無法完成「吃的任務」。

根據我的了解和實際觀察，有這些問題的媽媽，普遍存在著一個現象，就是寶寶一頓飯要吃很長的時間，有時最長達兩個小時！大多數吃飯時間長的寶寶，都不是自己完成吃飯的，而是媽媽追著餵。這就是馬拉松式吃飯的成因。

一頓飯要吃 2 個小時，當然會減少戶外活動時間。吃飯時間長被認為是寶寶的問題，其實絕大多數是父母餵養的問題。我常常告訴媽媽們：一頓飯

要控制在半個小時以內。可媽媽們說：那樣的話寶寶就會餓著，因為半個小時，她的寶寶連兩口飯也吃不進去。

我實在不忍心責怪這樣的媽媽了，她們已經夠辛苦的了。但追著餵飯，真是寶寶的問題嗎？如果我們一開始就不這樣做，寶寶自己會發明「讓媽媽追著餵和邊跑邊吃」的習慣嗎？

媽媽不要認為已經晚了，沒辦法解決孩子吃飯時間長的問題了，就從現在開始著手給寶寶建立起良好的用餐習慣，協助寶寶自己吃飯，用不了很長時間，寶寶就會自然而然地縮短吃飯時間，逐步養成良好的用餐習慣。

如何縮短吃飯時間

媽媽可以嘗試以下幾種方法，有效控制寶寶的用餐時間：

1. **吃飯時間不做其他事情**：避免邊吃飯邊看電視、邊吃飯邊教育孩子、邊吃飯邊對孩子進行營養指導、邊吃飯邊遊戲等等。

2. **不讓寶寶吃飯時離開飯桌**：如果讓寶寶坐在餐椅裡可避免寶寶到處跑，那就毫不猶豫地讓寶寶坐在餐椅裡。寶寶還沒吃完飯就離開飯桌，媽媽不要追著寶寶餵飯，也不要呵斥寶寶，只需把寶寶抱回飯桌，繼續讓寶寶吃飯。可以讓寶寶圍著飯桌間逛兩圈，因為這麼大的孩子不能老老實實地坐在那裡，但不要讓寶寶離開飯桌。

3. **控制吃飯時間**：最好在半小時內完成吃飯，如果寶寶沒有在半小時內完成吃飯，就視為寶寶不餓，不要無限延長吃飯時間。媽媽可能要問了，寶寶沒吃飽怎麼辦？媽媽的心情可以理解，但建立好習慣畢竟需要一定章法。雖然半個小時內寶寶沒吃幾口飯菜，也不要因為寶寶沒吃幾口，就一直把飯菜擺在飯桌上，等寶寶餓了隨時吃。父母應增強寶寶對「一頓飯」與「下一頓飯」的時間概念。

4. **父母的模範作用**：不希望寶寶做的，父母首先不要做，如在飯桌上看書、看報、看電視；在飯桌上吵嘴或說飯菜不好吃。

為寶寶準備飯菜

有的媽媽給寶寶做飯時會很煩惱，每天都給寶寶做什麼吃的好呢？尤其是面對「挑食」的寶寶，媽媽更是不知給寶寶準備些什麼樣的飯菜了。

其實一日三餐，無非就是主食、肉蛋奶、蔬菜三大類食物相互搭配，爭取做到膳食結構合理、營養全面、食物新鮮、味道鮮美、色澤好看、符合孩子個性口味。基本原則是：

1. **少放鹽**：孩子不能吃過多的食鹽，做菜時要少放鹽。如果父母都比較重口味，那正好借此機會減少食鹽攝取。過多攝取食鹽，對成人的身體健康同樣不利。

2. **少放油**：攝取過多油脂會出現脂肪瀉，也影響孩子食慾。過於油膩的菜餚，容易引起寶寶厭食。寶寶喜歡吃味道鮮美、清淡的飲食。

3. **不要太硬**：孩子咀嚼和吞嚥功能還不是很好，如果菜過硬，寶寶會因為咀嚼困難而拒絕吃菜。

4. **菜要碎一點**：寶寶咀嚼肌容易疲勞，如果菜餚切得過大，寶寶就需要多咀嚼，很容易疲勞；寶寶口腔容積有限，大塊的菜進入口腔會影響口腔運動，不利於咀嚼，寶寶會因此把菜吐出來。

5. **適當調味**：寶寶有品嘗美味佳餚的能力，但媽媽給孩子做飯多不放調味料，我們成人吃起來難以下嚥，孩子也同樣會感到難以下嚥。給寶寶的飯菜也要適當調味，孩子喜歡吃有滋有味的飯菜。

6. **給寶寶自己吃飯的自由**：這是避免孩子偏食厭食的重要方法，孩子已經

有能力自己吃飯了，媽媽就不要代勞了；孩子已經有了選擇飯菜的能力，媽媽不要總是干預孩子該吃什麼，不該吃什麼。父母有義務為孩子準備孩子應該吃的食物，孩子有權利選擇他喜愛吃的食物。「應該吃」與「喜愛吃」能做到基本一致，孩子飲食就沒什麼問題了。

怎樣為孩子烹調紅蘿蔔

紅蘿蔔裡含有豐富的胡蘿蔔素。在體內，胡蘿蔔素可以轉變成維他命A，增強人體的抵抗力，故有「賽人參」的雅號。但紅蘿蔔有特殊的味道，孩子往往不喜歡吃。要提高胡蘿蔔素的吸收利用率，烹調方法有很大講究。那就是，烹調紅蘿蔔時宜注意「摻」、「碎」、「油」、「熟」這幾個字。

1. 「摻」：紅蘿蔔與肉、蛋、豬肝等搭配著吃，可以消除紅蘿蔔的味道。
2. 「碎」：紅蘿蔔植物細胞的細胞壁厚，難消化，切絲、剁碎，可以破壞細胞壁，使細胞裡的養分被吸收。另外，弄碎了，孩子也就沒法把它挑出來了。
3. 「油」：在體內，胡蘿蔔素轉變成維他命A得有脂肪作為「載體」。沒加油，同樣多的胡蘿蔔素轉變成維他命A的比例會大打折扣。
4. 「熟」：紅蘿蔔不宜生吃。可以蒸熟後混合在其他水果中榨汁喝。

第四節
適合寶寶左右腦開發的遊戲：摸一摸，猜一猜

圖片歸類

遊戲目的

　　練習歸類技能。歸類技能是寶寶思維能力的基礎，透過遊戲，可以提高寶寶將事物進行分類的意識，促進智力發展。抽象概括思維能力是智力的核心部分，要想寶寶聰明，從小就要培養他的思維能力。良好的思維能力應該具備廣闊、深刻、敏捷的特點，獨立性、批判性和邏輯性要強。

遊戲準備

　　一些動物、水果、蔬菜的圖片，如老虎、猴子、獅子、大象、西瓜、橘子、草莓、蘋果、香蕉、白菜、扁豆、辣椒、蘿蔔等。

遊戲步驟

1. 給寶寶看圖片，讓寶寶一一說出它們的名稱。
2. 寶寶說名稱的時候引導寶寶說出它們的類別，比如，寶寶說這是老虎，媽媽問：「老虎是動物、植物還是水果呢？」
3. 引導寶寶把圖片上的動物放在一起、水果放在一起、蔬菜放在一起。
4. 這個遊戲玩熟了以後，媽媽可以把所有圖片放在一起，隨意抽出一張，讓寶寶說出該圖片所屬的類別。

剛開始時要逐漸讓寶寶理解媽媽的意圖，找到遊戲規律，再按照規律來進行遊戲。媽媽不要過多干預，代替寶寶。

和媽媽一起跳舞

遊戲目的

體會音樂節奏和旋律。透過音樂智能發展，能夠提高寶寶感受、辨別、記憶、改變和表達音樂的能力，同時也促進了寶寶對聲音的敏感性和記憶力、注意力的發展。

遊戲準備

優美的音樂磁帶一盒，也可以由媽媽自己來哼唱〈青春友誼圓舞曲〉、〈友誼地久天長〉等。

遊戲步驟

1. 放音樂，媽媽站在地上，寶寶站在床上，媽媽右手摟著寶寶，左手抓住寶寶的右手。
2. 讓寶寶的左手搭在媽媽的肩上，模仿跳交誼舞的姿勢，隨著音樂前進、後退、旋轉。
3. 媽媽帶動寶寶跳，示意寶寶做一些搖頭、旋轉、踢腿的動作。

遊戲提醒

不要要求寶寶的動作準確，只要跟上節奏即可。

猜一猜，我是誰

遊戲目的

訓練寶寶的表達能力。認識動物和它們的叫聲可以幫助寶寶增加對這些動物的認識，模仿動物的叫聲可以鍛鍊寶寶的發音能力。在遊戲中要引導寶寶說出完整的句子，幫助寶寶把詞彙連貫成句子，提高表達能力。讓寶寶應用自身的知識對聲音進行判斷，可以提高他的形象思維能力和判斷力，為寶寶建立自信心。

遊戲準備

室內、室外均可。

遊戲步驟

媽媽：「汪——汪汪，寶寶在家嗎？猜猜我是誰？」

寶寶：「你是狗狗。」

媽媽：「你真聰明，我們做個好朋友吧！」

媽媽：「你聽聽我是誰？喵……喵……」

寶寶：「你是小貓。」

媽媽：「猜對啦，我們做個好朋友吧！嘎嘎嘎，我又是誰呀？」

寶寶：「你是小鴨子。」

媽媽：「寶寶真棒，我們做個好朋友吧！」

遊戲可以根據寶寶的興趣進行下去，等寶寶都熟悉了，可以讓寶寶學著模仿，媽媽來猜。

1. 寶寶可能認識小動物，但不知道小動物的叫聲，平時要注意透過電視等各種途徑幫助寶寶了解這些知識。
2. 媽媽要發揮自己的模仿力，盡可能形象地模仿出聲音，再伴隨動作，提高寶寶的興趣。

小青蛙，跳跳跳

遊戲目的

提高寶寶運動能力。這個時期的寶寶已經能夠雙腳離地，做短距離的蹦跳了，讓寶寶多練習可以使他熟練掌握蹦跳動作，增強體力，強化運動能力。運動遊戲可以鍛鍊寶寶的意志，提高免疫力，也可以使寶寶情緒愉悅，從而獲得健康快樂的身心，為今後的成長打下良好基礎。

遊戲準備

室內、室外適宜的環境。

遊戲步驟

1. 爸爸、媽媽面對面坐下，兩腿伸開，腳底與腳底相抵，形成一個菱形「小池塘」。
2. 寶寶就是一隻快樂的小青蛙，讓寶寶一會兒在池塘裡「游泳」，一會兒從池塘裡跳進跳出。
3. 也可以在地面上畫出一個圓形池塘，爸爸、媽媽和寶寶一起跳躍。

遊戲提醒

1. 為了提高寶寶的興趣，可以準備青蛙頭飾和其他道具。

2.　開始遊戲的時候寶寶跳躍的距離不宜過遠，時間不宜過長。

玩沙子

遊戲目的

　　鍛鍊寶寶手部運動的自主性和準確性。在遊戲過程中寶寶的手部可以隨意活動，並經由腦部傳輸的訊息來操作手中的工具，可以促進寶寶的手眼協調性和動作準確性的提高。想像力對人類的創造性活動有著重要意義，無論是學習、科學發明還是生產實踐，都離不開想像力，自由的想像有助於形象思維的發展。

遊戲準備

　　小鏟子、小桶、小水壺等玩沙工具。

遊戲步驟

1.　風和日麗的日子，帶寶寶到郊外或附近的地方玩沙子或泥土。
2.　爸爸可以指導幫助寶寶挖「山洞」、用小桶扣「蛋糕」。
3.　找一些石子鋪設一條小路，在「山邊」挖一條「小河」，找一些樹枝當作小樹栽種在「河邊」……
4.　總之，爸爸、媽媽要多多開動自己的腦筋，給寶寶提出一些需要完成的任務，寶寶的目標明確，玩起來就會十分投入。
5.　隨著年齡增長，寶寶也會有自己的創意、自己的玩法。

遊戲提醒

1.　要選擇乾淨鬆軟的沙子，先看看裡面有沒有尖銳物品。
2.　鼓勵寶寶和其他小朋友認識一下，還可以交換玩具，讓寶寶把自己多餘

的玩具借給沒有玩具的小朋友玩。

自我介紹

遊戲目的

提高寶寶的語言表達能力。練習自我介紹要基於寶寶對自身的了解之上，這個遊戲可以讓寶寶將對自己的了解用語言表達出來，鍛鍊其語言表達能力。

遊戲準備

寶寶平時熟悉的毛絨玩具若干。

遊戲步驟

1.　媽媽拿起一隻小兔子玩具，模仿兔子的聲音說：「我是小白兔，長長的耳朵，紅眼睛，我喜歡吃蘿蔔和青菜，還喜歡蹦蹦跳跳。」

2.　讓寶寶來介紹自己，請寶寶說出自己的姓名、年齡、長相和自己喜歡什麼。

3.　媽媽和玩具坐在下面當聽眾。

4.　媽媽可以用筆記下寶寶說的話，然後唸給寶寶聽。

遊戲提醒

寶寶說錯的時候，媽媽不要打斷，更不要急於責備，讓寶寶說完後，再和寶寶重複一遍，此時再指出不準確的地方。

摸一摸，猜一猜

遊戲目的

　　提高寶寶記憶力。這個遊戲，實際是對寶寶記憶能力的一種鍛鍊，寶寶只有在熟識記憶的基礎上才能透過觸摸來辨別熟悉的物體，透過遊戲則可以進一步強化寶寶的記憶。有效、準確的觀察力是寶寶學習一切知識和技能的基礎，生活中有意識地培養，將能促進寶寶學習能力的提高。

遊戲準備

　　布袋一個，圖書、牙刷、杯子、布娃娃等寶寶熟悉的物品若干。

遊戲步驟

1. 媽媽先將所有的物品擺出來讓寶寶看一看，讓寶寶說說它們是什麼。
2. 取一個物品放在布袋裡面，讓寶寶伸手摸一摸裡面的東西，並說出是什麼。
3. 媽媽把布袋裡的物品拿出來看看。
4. 如果寶寶說對了，媽媽要裝作驚訝地問寶寶是怎麼猜中的，鼓勵寶寶簡單說出理由。

遊戲提醒

1. 應該選擇寶寶日常接觸和熟悉的物品。
2. 如果寶寶一時猜不出，媽媽可給予適當提醒，給寶寶幾個選項。

數豆豆

遊戲目的

提高寶寶的分類能力。分類是寶寶學習數學的重要內容，分類能力的發展是邏輯思維發展的一個重要標誌，透過遊戲強化寶寶的分類意識，可以為其今後的數學學習奠定基礎。寶寶按照一定要求進行分類，很好地鍛鍊了他們的邏輯思維和概括能力，潛移默化之中培養了他們做事的條理性和規律性。

遊戲準備

紅豆、黃豆、綠豆、黑豆各 7 顆，水彩色盤一小個

遊戲步驟

1. 媽媽先將各種豆子混在一起，裝在調色盤中央的格子中。
2. 請寶寶將豆子一顆顆揀出來，按照顏色分類擺在調色盤外圍的格子裡。
3. 邊揀豆子邊唱兒歌：「紅豆豆，綠豆豆，我們一起數豆豆，一二三，三二一，一二三四五六七；黃豆豆，黑豆豆，我們一起數豆豆，一二三，三二一，一二三四五六七。」
4. 擺好後，媽媽告訴寶寶每種豆子的名稱和日常食用方法，例如，綠豆可以做綠豆湯、紅豆可以做豆沙包等。

遊戲提醒

1. 一定要指導寶寶逐一點數豆子，這樣有助於寶寶對數字形成具體認識。
2. 叮囑寶寶不要把豆子放進口鼻中。

兩隻老虎

遊戲目的

訓練寶寶的身體協調能力。透過生動有趣的歌曲，既可幫助寶寶學習唱歌，又可以促進其身體各部位的協調，進一步刺激大腦神經系統的發展。幼年時的所有訓練都是為將來做準備的，準確、快速的反應能力來自於對身體以及大腦的潛能開發，讓寶寶將來更加積極地適應社會需要。

遊戲準備

家中地板或床上。

遊戲步驟

1. 媽媽先帶寶寶一起認一認身體各個部位，如鼻子、耳朵、眼睛、手臂、腿等。
2. 和寶寶一起邊唱〈兩隻老虎〉邊做動作，唱到相應的部位時用手指著相應位置。
3. 把歌詞中的眼睛等換成其他的身體部位名稱再唱，邊唱邊指。

遊戲提醒

開始時，寶寶或許不會指得很準確，所以節奏不宜太快，等寶寶熟悉了，媽媽可故意加快速度，增加遊戲難度。

套娃娃

遊戲目的

發展寶寶手眼協調能力。套疊玩具非常適合這個年齡段的寶寶，遊戲過

程既鍛鍊了手眼協調能力，又讓寶寶學會了大小順序。聚精會神地嘗試過程，既可培養寶寶的專注能力，又可強化寶寶的空間感智能力，為今後發展數學能力打下基礎。媽媽準備一組能按大小次序拆開或套上的娃娃玩具（套碗、套桶）。

遊戲步驟

1. 媽媽先將套娃拆開，按大小次序將娃娃擺成一排。
2. 再由小到大，將套娃一個個套回原樣，成為最初的一個大娃娃。
3. 指導寶寶拆開並安裝套娃，直到寶寶能獨立操作。
4. 遊戲結束時，要求寶寶將套娃恢復原狀，放回原位。

遊戲提醒

1. 寶寶最初自己套裝時可能不會很順利，媽媽要多給予提示，指導寶寶發現規律，千萬不要急於求成，令寶寶產生心理負擔。
2. 開始時，可以先用兩個套娃套在一起，寶寶學會後再逐步加大難度。

寶寶推球走

遊戲目的

提高寶寶的運動協調能力。按照指定線路推動小球，不僅能鍛鍊寶寶的運動協調能力，還能培養寶寶按照指令行事。將認識數字和顏色的學習過程融入遊戲中，可以提高寶寶的學習興趣。

遊戲準備

乾淨、輕便的掃帚一把，紅、黃、綠色的球若干，寫有數字的紙片若干。

遊戲步驟

1. 把玩具球放在客廳，用兩張椅子擺成一個球門。
2. 讓寶寶拿著掃帚，把球一個一個推到球門中去。
3. 也可以讓寶寶根據媽媽的指令把球推到其他房間去。
4. 媽媽將寫有數字的紙片分別貼在球上，讓寶寶根據媽媽的指令按照數字把球推入球門。

遊戲提醒

1. 媽媽的指令要清楚，不要給寶寶造成混亂，遊戲要一項一項地進行。
2. 遊戲時間不要過長，當寶寶開始故意不按照指令行事時，可能是厭煩了，媽媽要及時終止遊戲。

尋找玩具

遊戲目的

透過這個遊戲，可以培養寶寶動作的靈敏度，提高四肢、眼睛、手等各個器官的配合能力。同時促進寶寶觀察力的發展，這對其獲取知識、認識世界及形成良好的心理素質有著極其重要的作用。

遊戲準備

寶寶平常的玩具若干、大塑膠筐一個。

遊戲步驟

1. 將家中的桌、椅、櫥、櫃當作大森林，把寶寶的玩具藏在椅子下面、沙發背後、櫥櫃裡面。
2. 寶寶和爸爸、媽媽就是尋寶隊員，拿著大筐來找寶藏。

3. 寶寶和媽媽在前面找，爸爸跟在後面。找到一個玩具後，就由寶寶把玩具扔到爸爸的筐裡去，再去找其他的玩具，直到把玩具都找到。

遊戲提醒

1. 遊戲過程中，爸爸可以將筐放在頭頂上、胸前、腰間、肩上、腳邊等位置，以訓練寶寶投物時身體的靈敏度。
2. 如果寶寶搆不著，媽媽可以托扶，幫助寶寶。

第五節
25～27個月能力發展測驗

25～27個月寶寶的能力測驗

1. 說清楚氣象的變化：晴天、陰天、颱風、下雨、下雪等：

   A、5項（5分）

   B、4項（4分）

   C、3項（3分）

   D、2項（2分）

   以5分為合格

2. 將手臂按口令放在上、下、前、後、展開、合攏：

   A、對4項（10分）

   B、對3項（8分）

   C、對2項（5分）

   D、對1項（4分）

以 10 分為合格

3. 伸出右手、左手、右腳：

A、對 4 項（10 分）

B、對 3 項（8 分）

C、對 2 項（5 分）

D、對 1 項（4 分）

以 10 分為合格

4. 背數：

A、20（4 分）

B、15（3 分）

C、10（2 分）

D、5（1 分）（每遞加 10 增加 1 分）

點數：

A、10（4 分）

B、7（3 分）

C、5 分（2 分）

D、3（1 分）（每增加 5 記 1 分）

背位數：

A、5 位（4 分）

B、4 位（3 分）

C、3 位（2 位）

D、2 位（1 分）（加 1 位加 1 分）

三項相加以 10 為合格

5. 積木砌高樓：

　　A、10 塊（10 分）

　　B、8 塊（8 分）

　　C、6 塊（6 分）

　　D、4 塊（4 分）（模仿砌牌樓加 4 分，模仿砌城堡加 6 分）

　　以 10 分為合格

6. 拼上切分兩塊的拼圖：

　　A、對 3 張（6 分）

　　B、對 2 張（4 分）

　　C、對 1 張（2 分）

　　以 6 分為合格

7. 問：「你幾歲」答：

　　A、我 2 歲（9 分）

　　B、××（名字）2 歲（6 分）

　　C、豎起 2 指（4 分）

　　以 9 分為合格

8. 跟媽媽講：eye、nose、ear，邊講邊指：

　　A、對 3 個（6 分）

　　B、對 2 個（4 分）

　　C、1 個（2 分）

　　以 6 分為合格

9. 幫大人拿東西：拖鞋、傘、書包、上衣、帽子（必須分清是誰的東西不
　　能拿錯）：

A、對 5 種（10 分）

B、對 4 種（8 分）

C、對 3 種（6 分）

D、對 2 種（4 分）

以 10 分為合格

10. 記住門牌號碼（電話號碼）：

A、全對（10 分）

B、錯 1 個數（8 分）

C、錯兩個數（6 分）（背出電話號加 5 分）

以 10 分為合格

11. 用筷子：

A、會扒飯入口（12 分）

B、會拿不會用（10 分）

C、用湯匙吃乾淨（8 分）

D、要人餵（0 分）

以 10 分為合格

12. 洗手、開關水龍頭、擦肥皂、洗淨指甲縫、擦手：

A、對 5 項（5 分）

B、對 4 項（4 分）

C、對 3 項（3 分）

D、對 2 項（2 分）

以 5 分為合格

13. 跳躍：

　　A、自由雙足離地跳（5分）

　　B、扶人扶物跳（3分）

　　C、跳不離地（2分）（會跳格子加3分）

　　以5分為合格

14. 接從地面滾來的球：

　　A、馬上接住（5分）

　　B、去追球（4分）

　　C、躲開（2分）

　　D、不練（0分）（接反跳球加3分，接拋來的球加5分）

15. 以5分為合格

　　15、騎搖搖馬：

　　A、自己扶住爬上去會自己搖（5分）

　　B、大人扶上自己會搖（4分）

　　C、大人扶上，大人搖（3分）

　　D、不敢騎（0分）

　　以5分為合格

結果分析

1、2、3、4題測認智能力，應得29分；

5、6題測手的技巧，應得16分；

7、8題測語言能力，應得15分；

9、10題測社交能力，應得20分；

11、12題測自理能力，應得15分；

　　13、14、15 題測運動能力，應得 15 分，共可得 110 分，總分 90 ～ 110 分為正常範圍，120 分以上為優秀，70 分以下為暫時落後。哪道題在及格以下，可先複習上月相應試題，通過後再練習本月的題。哪道題在優秀以上，可跨月練習下月同組的試題，使優點更加突出。

寶寶 28 ～ 30 個月：
貼著耳朵說悄悄話

第一節
開發寶寶的左腦：小積木蓋樓房

訓練寶寶的語言能力

說悄悄話。寶寶看到一人趴在另一人的耳朵旁說悄悄話，感到好奇。媽媽也趴在寶寶耳邊說一句話，讓寶寶感受一點神祕的滋味。如果爸爸不知道媽媽對寶寶說了什麼，寶寶就會感到很得意，故意不告訴爸爸。

不過寶寶裝不住祕密，過不了兩分鐘，就會把話說出來。但是寶寶對於說悄悄話仍然興趣不減，有時他會趴到爸爸的耳邊說一句話，有時又趴到

媽媽的耳邊說另一句話。爸爸媽媽要聽他的話是否有意義，鼓勵他說有意思的、引人發笑的話，使這個遊戲更有趣，同時培養寶寶語言的幽默感。但是也要注意引導寶寶不在悄悄話中傷害別人，不講別人的壞話。

聽出故事的含義。有些寶寶怕黑，晚上天黑之後不敢在街上走，晚上不肯熄燈睡覺，半夜醒來如果不開燈就不敢起來尿尿等。這時媽媽可以給寶寶講故事，用比喻的方法，講小熊怕黑的故事：有一天晚上，下起了大雨，洪水來了，洪水馬上要把房子沖走，鄰居大象過來救小熊，讓小熊爬到自己的背上。小熊怕黑，說沒有燈不敢起來，大象生氣了，說：「膽小鬼，救你也沒有用。」一甩尾巴就要走，小熊趕緊爬起來，抓住大象的尾巴，終於逃了出去。

寶寶知道媽媽是有意說「膽小鬼沒有用」的，從此晚上寶寶再也不讓人開燈，自己悄悄地上廁所也不再吵醒媽媽了。

聽電話學說話。父母應讓寶寶學會聽電話，並記住是姓什麼的叔叔打來的，請爸爸回話。有時外婆生病了叫媽媽回家看看，或舅舅第二天早上從外縣市回來叫媽媽 7 點到車站接舅舅等。

寶寶記性很好，因為爸爸曾經稱讚過寶寶會傳話，如同傳令兵一樣解決了問題。寶寶就會十分重視每次大人打來的電話，將電話內容牢牢記住，不漏掉每一條訊息。寶寶聽電話學說話的本領也會得到客人的稱讚，客人來訪時看到寶寶也說：「寶寶真棒，會把話告訴媽媽，真懂事。」長此以往，寶寶傳話的本領就越來越好了。

與人交談。這個年齡的寶寶多數都能與大人交談，如遇到大人問及有關自己的事，能如實回答。問及有關家庭成員，父母的姓名、職業、住址等也能回答。如果寶寶有事要求到大人，如收信、拿報、拿牛奶等也能說得清

楚，能達到目的。但是有時只能連比帶劃地間斷敘述，不能完全表達清楚意思。這時，寶寶的詞彙量還較少，還不能完全用詞表達清楚自己的意思。有時會用錯了詞，使大人聽不明白。而且寶寶的發音仍有困難，說「外婆」時說成「鬧鬧」或「嗷嗷」，叫「老師」為「鬧西」，父母可以暫時不去矯正，因為要把「老」字說清楚要等寶寶的舌頭長得長一些，舌尖能達到上顎才能說得清楚，幾乎要到 4 歲才能清楚地發出「老」。如果父母要矯正寶寶的發音，寶寶又做不到，就會引起爭執。爸爸媽媽可以建議寶寶最好改用另外一個詞，來表達自己的意思。

寫有口字的漢字。如口、日、白、田、只、葉、右、石等簡易的文字。寶寶一面寫，父母一面跟他講清楚在什麼情況下用這個字，使寶寶寫得有興趣。此外常用的文字還有寶寶能懂得的，如四、凶、團、回、國、圓、圍、困等。會畫方形之後，寶寶能寫的文字增多，不過在開頭　定要讓他的書寫筆順正確，用豎一橫折一橫來寫口，用豎一橫折一橫一橫來寫日字。寶寶寫字時，爸爸媽媽可以唸筆順。

認字組句。爸爸可以將寶寶已經認識的文字寫成詞組，如「大人、明日、西瓜、橘子、雞蛋、白菜、書包、大人、醫生、阿姨、叔叔、餅乾、蘋果、娃娃、熊熊」等等，加上相應的動詞如「去、帶、騎車、跑、睡、吃、到」等，還要有些虛詞，如「的、了、和、或者、是、非、不」等，讓寶寶可以先把話說出來，缺的字隨時增加，使寶寶可以自由組句。

訓練寶寶的精細動作能力

練習配對。在寶寶真正形成大小、多少概念的基礎上，再交給寶寶物品配對。

先配形狀大小的同類物品，如塑膠瓶和瓶蓋，大瓶配大蓋，小瓶配小蓋；以及為兩隻鞋子配對，為兩隻襪子配對，動物親子配對等。

拍球訓練。繼續訓練寶寶手眼協調拍球，能達到連續拍球 5 下以上。

拿剪刀。媽媽可替寶寶買圓頭的兒童剪刀，因為剪刀是用塑膠做的，所以圓頭的剪刀不會傷害寶寶的手指。讓寶寶的拇指伸入剪刀的一個把手，中指伸入另一個把手，食指壓住剪刀的上片。媽媽替寶寶把紙剪一個小口，讓寶寶用左手拿紙，右手拿剪刀，兩隻手協調運作。寶寶在練習中會發現用某一種動作就能把紙剪開。多拿一些舊報紙讓寶寶練習，先讓他學會拿剪刀將紙剪開，學會使用一種工具。寶寶隨意用自己的慣用手，多數寶寶用筷子的手與用剪刀的手相同。如果寶寶喜歡用左手，不必禁止他，千萬不要強迫寶寶換手，因為慣用手的對側是語言中樞所在之地，左撇子的寶寶語言中樞在右腦，用左手操作會鍛鍊右腦，對語言有利。強迫用右手，會使寶寶口吃。

編辮子。讓寶寶把玩具娃娃的頭髮散開，替娃娃編辮子。如果娃娃沒有長頭髮，可以用三根繩子來練習。每次只用兩根繩子相交，下次再用另外兩根繩子相交，就可以編好辮子。平時在家裡寶寶也會很熱心地替媽媽編辮子。編辮子也是訓練寶寶手指靈巧的一種方法，可以將一組小繩子捆起來讓寶寶練習編辮子。

翻花繩。奶奶跟媽媽玩翻花繩給寶寶看。奶奶將繩子兩頭結緊，將繩子纏兩圈在左右手中間的三個指頭上，用中指從兩頭挑開繩子，兩手之間有兩條交叉的豎線。媽媽用雙手拇指和食指拿穩交叉的繩子從兩邊的豎線下翻出，出現另一個圖形。奶奶又熟練地翻另一個圖形，兩個人玩得很起勁。寶寶在旁邊看著很想去試試，奶奶讓寶寶做一次，並且在旁邊看著。寶寶試了許多次，只會做第一組動作。媽媽鼓勵寶寶再練習，讓寶寶逐個記住怎樣翻

法。過了兩個星期寶寶就已經學會 3 ～ 4 種翻法了。

拼插鴨子。教寶寶用不同的玩具拼插鴨子，如用泡沫塑膠玩具，先把鴨頭和身體插入底座，在身體當中有兩個插入翅膀的洞，把翅膀插好，再插上紅色的嘴巴就成一隻立體的鴨子。放在水裡，鴨子會漂起來。另外有一種是硬的塑膠做成的拼插玩具，用圓的當作鴨頭。用直的做鴨的身體，共用 6 ～ 7 塊才能拼成鴨子，做起來比泡沫塑膠的要難些，適合 3 歲以上的寶寶拼插。

畫幾種幾何圖形的圖畫。父母可以教寶寶用一個正方形或一個長方形，下面加上兩個圓圈，構成一輛汽車。還可以將正方形的任何一條豎線延長來畫一面國旗；兩條豎線都延長就成為車站的路牌；在正方形的右下角加一條彎線就成為風箏；把正方形畫得扁一些，在上面加兩條天線，就成電視機。長方形豎著放，在其內上方畫個圓形，就成音箱。此外，還可教寶寶在正方形內做任何切分，如切開一半、切兩刀分三份、中間加十字切成四份、在大正方形內加個小正方形如同回字等等。

利用兩種主要的幾何圖形，寶寶可以畫出許多日用品，這樣可以擴展寶寶的想像力。

訓練寶寶的數學邏輯能力

聽數寫數字。父母可以先讓寶寶聽寫單個的 5 以內的數字，練習到很熟練後，再聽寫 10 以內的數字。可以在桌子上用紙和筆，也可以在牆上用水彩來寫，用刷子或用食指沾顏料也可以寫。還可以到戶外用小石頭或棍子在地上寫，用溼的刷子在水泥地上或牆上寫，使聽寫數字成為有趣的遊戲。

一分為二。讓寶寶知道把餅乾從中間掰開，分給媽媽一半。剝橘子時也可以從中間剝開，一個橘子兩個人吃。饅頭太大了，用刀切開一半，兩個人

分著吃。寶寶在紙上畫一個大燒餅，用筆在當中畫一條線，也可以把燒餅一分為二。寶寶手裡拿一張紙，媽媽想要一半，寶寶把紙對折，用刀子裁開。寶寶有一條長繩子，媽媽想要一半，媽媽把繩子的兩頭對上，使繩子成雙，順著理到頭，在頂點剪開，得到兩條一樣長的繩子。寶寶透過日常的小事，就能知道每一種東西都可以一分為二，如果對正，可以使兩份一樣大。

贏大小。寶寶雖然會寫數字、會數數，但是往往說不上哪個數大。因為寶寶手裡拿的塑膠數字和父母寫的數字都是一樣大，寶寶分不清誰大誰小。用套碗或套桶做贏大小的遊戲可以解決這個問題。媽媽先在套碗或套桶的底面標上數字，最小的寫 1，依次寫到最大的套碗是 9。用套碗玩遊戲需要兩套同樣的套碗。用套桶可以一分為二，在桶底和桶蓋兩頭都要標上數字，把套桶打開，一個套桶，另一人再出一個，誰的套桶大，就可扣住對方，贏一次。

贏的時候一定要讀出桶後的數字，如 5 比 4 大、3 比 2 大等。如果寶寶不服氣，他可以用小的桶去扣，但扣不住大桶。這種用形象化的數字遊戲，使寶寶知道 6 ＞ 5 ＞ 4 ＞ 3 ＞ 2 ＞ 1。

比厚薄。父母可以將積木靠在一起讓寶寶看出哪一塊厚，哪一塊薄。拿出寶寶的棉衣和 T 恤，讓寶寶用手摸出哪一件厚，哪一件薄。再讓寶寶用手摸一塊厚的硬紙板卡片，再摸一塊薄紙片。這樣寶寶就會區分厚和薄了。

拿 4 個。2 歲的寶寶只能拿 3 個東西，父母可以試一下讓寶寶拿 4 個東西。寶寶經過各種數數練習，經過這半年會有很大的進步，可以準確地拿出 4 個東西，個別寶寶可以拿 5 個東西。有時數數數到 5～10 之間，父母可以突然問：「數到幾啦，一共是幾呀？」看寶寶是否能記住。當寶寶會拿 4 個東西時，父母可以拿走 2 個，問還有幾個，再放下 1 個，問還有幾個，讓

寶寶在 4 以內做加減。如果寶寶仍然只能拿 3 個東西，也可以在 3 個數以內做加減。

按次序放衣服。每天上床睡覺前讓寶寶把身上的衣服全脫下來，只穿內衣和睡衣，媽媽用一張凳子放寶寶的衣服。媽媽告訴寶寶按脫衣服的順序把衣服擺好，如按外衣、外褲、毛衣、秋褲、襪子、毛背心的順序擺放衣服。第二天起床時，寶寶才能最先穿上毛背心，再穿上襪子，用襪柄包住秋褲的下口，才便於穿上秋褲。

再依次穿上毛衣、外褲和外衣，就把衣服穿好了。許多寶寶有亂扔東西的壞習慣，父母要告訴寶寶，如果脫衣服時不按次序將衣服擺好，而是到處亂扔，穿衣服時到處找，就可能經常找不到襪子，有些寶寶因為穿衣服太慢而經常讓父母幫忙，結果上幼稚園時仍不會自己穿好衣服。

按次序就是要有邏輯性，數學與邏輯分不開，如果沒有次序就學不好數學。次序是從小做起的，從生活的點滴做起。父母都要對寶寶的次序感嚴格要求，將來寶寶才能勝任科學工作。

訓練寶寶的視覺空間能力

區分正方形和菱形。爸爸將四條長度相等的硬紙條，用熱熔膠條圍成正方形。再用手指壓迫兩個對角，正方形被壓扁了，就成菱形。這兩種形狀的共同特點是四條邊都一樣長，不同的是正方形四個角一樣大，都是規矩的直角；菱形對著的兩個角，兩個大，兩個小，都不是直角。

爸爸再用紙剪一個正方形和一個菱形，在對角線上剪開，出現兩種不同的三角形，把這些三角形混在一起，看看寶寶是否能拼出正方形和菱形。這道題好像很難，但是寶寶們做起來卻很容易，因為寶寶們都有相當的空間智

能，能把圖拼上。寶寶們形象思維都不錯，因為小孩子的右腦優先發育。

畫魚。在寫 8 字時，爸爸用筆劃倒著的 8 字，前面大些，後面小些，像一條魚。寶寶拿起筆也學著畫魚。多畫幾條，其中有些魚向上游，出現了真正的 8 字。這時應當告訴寶寶，8 字不是兩個小圓圈，而是一筆劃出來的。不要忘記讓寶寶在魚頭上點上眼睛，以增加遊戲的興趣。

我家。父母先為寶寶畫好一棵樹、一隻鳥、一隻兔子。父母告訴寶寶小鳥的家在樹上，然後問寶寶，應該把鳥放在哪裡；父母告訴寶寶，兔子的家在樹下，然後問寶寶應該把兔子放在哪裡，讓寶寶畫條線幫小鳥、兔子找到家。

認識粉紅色和紫色。寶寶看到桃花十分好看，但說不出是什麼顏色，這時媽媽告知是粉紅色。在花園的另一頭有一盆花，寶寶又問媽媽：「這盆花是什麼顏色？」媽媽說：「紫色。」媽媽可以問寶寶桃樹上的桃花是什麼顏色的，花盆裡的花是什麼顏色的。

向哪一邊轉彎。媽媽帶寶寶去菜市場，走出巷子口要向左轉，不用過馬路就到菜市場了。買了許多東西回家時，媽媽可以問寶寶：「我們回家往哪一邊走才能轉進巷口呢？」寶寶走到巷子口伸出右手，表示向右轉，進入巷子就能到家。寶寶的方向感良好，卻不見得能說出來，但他可以用手來指，只要寶寶指得對就算方向正確。

蒙眼拿造型積木。媽媽找出寶寶 1 歲半時玩過的造型積木玩具屋，或能投入造型積木的外表有對應洞口的球，讓寶寶再熟悉 ·會兒。然後把造型積木都拿出來放在桌上，用手帕蒙住寶寶的眼睛，讓寶寶憑手的觸覺，用左手摸對應的洞口，用右手摸造型積木投入洞口內。

積木堆立體的樓房。爸爸跟寶寶一起堆積木，用寶寶以前看圖認物的厚書做屋頂。四周放四塊方積木，加一本方形的厚書，堆成一層。再在書的四角放四塊方積木，加一本厚書，又搭成一層。寶寶有多少方形的積木，和多少方形的厚書，就可堆多少層。寶寶堆的樓房四周透亮，而且穩當，讓寶寶看著很高興。這時爸爸告訴寶寶，小時候用一塊積木再疊上一塊積木蓋樓房，樓房很容易倒。立體的積木樓房更像真的樓房，堆到七八層都不容易倒。

還可以讓寶寶按自己的想像來堆積木，比如將方形積木與建築積木合併，給上樓增加圍牆、牌樓、警衛室等設備。爸爸可以給寶寶一點建議，或先做示範，使寶寶在爸爸的建議的啟發下，進一步發揮創造力。

第二節
開發寶寶的右腦：熱情待客有禮貌

訓練寶寶的大動作能力

攀登架。以前寶寶只能登上三至四級的攀登架（或攀登網），現在寶寶可以登上 1 米或 1 米以上的攀登架。寶寶用雙手握緊上面的橫條，雙腳可以向上攀登。攀登架有各種形狀，有弧形、梯形、口字形、方格子形等。有些大型攀登玩具與鑽桶結合，讓寶寶們攀登上去後，經過鑽桶、吊橋、彎曲的通道最後滑入球池。2 歲的寶寶可以跟著大哥哥們攀登，讓他們領著走。不過這種大型的玩具必需有適當的開口，讓父母可以隨時幫助走不出來的寶寶。但開口處要有安全設施，防止寶寶從開口處掉下來。

第八章　寶寶 28 ～ 30 個月：貼著耳朵說悄悄話

　　寶寶攀登這種大型攀登架應當分步進行，第一次先攀一小段，攀熟了第一段再攀第二段。在每段開口處把寶寶接下來時，要特別注意後面寶寶的安全，要馬上將開口關好。一般公共遊樂場的攀登架為了安全，不讓中途開口，所以 2 歲的寶寶暫時不宜進入公用大型攀登架，只能在有教學目的的小型攀登架上活動。

　　追泡泡。媽媽用肥皂水在院子裡吹泡泡，讓寶寶追著泡泡跑。媽媽也一面吹一面跑，使寶寶在院子裡來回奔跑，以鍛鍊身體。寶寶每天應在戶外活動兩小時以上，如果沒有一定的目的，在戶外則難以達到較大的運動量。

　　投籃。爸爸跟寶寶在戶外練習投籃，把籃框吊在離寶寶頭頂 25 公分處。爸爸站在籃下撿球，把球傳給寶寶，寶寶離籃筐約 1 公尺，可以跑兩步跳起來投籃。如果寶寶投籃有困難，可以把籃再放低 10 公分，如果寶寶十分順利，則可把籃框提高 10 公分。

　　讓寶寶練習的球不宜過大，用直徑 10 公分左右的皮球即可，不宜用成人用的籃球。投籃是一種全身的運動，要接球、跑、跳和瞄準，既可練習身體的靈活性，也可練習手眼協調的能力，是培養感覺統合的方法之一。從 2 歲起寶寶們可經常練習。

　　跳過河。父母可用一條毛巾放在地上當作河，讓寶寶從毛巾的一側跳到另一側，不許踩到毛巾。開頭把毛巾疊成 10 ～ 12 公分寬的長條，寶寶順利跳過後，媽媽將毛巾弄寬至 15 ～ 17 公分。如果寶寶順利跳過，媽媽把毛巾弄成 20 公分寬。如果寶寶踩到毛巾，就算是掉到了「河裡」，媽媽要把寶寶「救」出來，再把「河」調窄一些。媽媽要記錄下寶寶能跳過的寬度，作下次比較之用。

　　拍皮球。媽媽跟寶寶一起練習拍皮球，一面拍一面數數，看誰拍得多。

拍皮球需要拍得正，球才能往正上方反跳，如果拍得不正，在右方用力，球會反跳到左方，就會來不及再拍。所以媽媽可以舒舒服服地坐著拍皮球，而寶寶卻總是跑來跑去也拍得不多。此外拍球的力量也要均勻，每拍一下用力都一樣，球跳的高度也一樣，才能拍得多。寶寶要像媽媽那樣，心態平穩地慢慢拍，漸漸學會拍皮球的竅門，寶寶掌握要領之後才漸漸拍得多起來。拍皮球能讓毛毛躁躁的寶寶穩定下來，是動中求靜的一種練習。

訓練寶寶的適應能力

訓練寶寶自然觀察能力。帶寶寶上公園，可是寶寶認智能力訓練極好的機會。一進門就可以問：「寶寶你看，這棵樹和那棵樹，哪棵高一些？哪棵離我近一些？」「花是什麼顏色？」「鳥在空中飛，那麼魚呢，魚在什麼地方？」

家長跟寶寶一起去動物園或養殖園觀看動物時，除了讓寶寶了解動物的特點、習性、生活習慣外，要注意讓寶寶知道動物的用途，為什麼要養殖它們，例如養鴨能生蛋、鴨肉可食、鴨毛可以做羽絨衣服和被褥。鴨生活在有水的地方，可以吃水中的生物，到陸地上又可以吃菜葉和剩飯。不可以把鴨放在養魚養蝦的水塘裡，否則鴨會把魚苗蝦苗都吃掉。鴨排出的糞便，可以用作農地肥料，也可以用來形成沼氣。經過大人講解，讓寶寶逐漸積累知識。

克制欲望。寶寶的第一反抗期常在二、三歲，因為寶寶有了欲望，但又不能清楚地表達自己的欲望，就會以哭、生氣、大聲叫喊或笑等來表示。首先，寶寶需要生理上的滿足，如吃飽、喝足、睡好和生活安定。此外，寶寶還需要母親的關愛，需要有人陪他玩等。2 歲的寶寶會鬧脾氣，當要求不能滿足時，自己又沒有克服的能力，就會咬指甲、吸吮手指、玩弄生殖器、咬

人等，並且容易尿床、媽媽要對寶寶倍加愛護，允許他有時撒嬌，而不要冷落寶寶，還要經常跟他玩遊戲以滿足他的需求。但同時要讓他學會必要的忍耐和克制，因為只有這樣才能適應漸漸長大所面臨的環境。例如寶寶看到別人正在盪鞦韆，就拉著媽媽走到鞦韆旁邊拉拉扯扯，媽媽懂得寶寶想盪鞦韆，要跟他講清楚等別人下來後才可以上去。媽媽可以跟寶寶坐下來玩猜拳，等別人下來再上鞦韆玩。

自我中心。寶寶看到別人的好玩具會伸手去搶，嘴裡說：「給我！給我！」被搶的小朋友會大哭起來。強壯的小朋友，便會使勁保護住自己的玩具，從而引起一場爭鬥。這時父母可能會想，為什麼自己的孩子那麼不聽話？這是因為在家裡所有的玩具都是寶寶的，所以在寶寶心目中「這些都是我的」是理所當然的。所有這時期的寶寶都是以自我為中心的，我的當然是我所有，我看到的也算我的，我喜歡的我也要。在寶寶的世界裡，誰都要為我服務，我要太陽出來，我要花為我盛開等等。媽媽是我的，爸爸是我的，家也是我的，這種想法十分頑固，怎麼辦？

唯一的辦法是讓寶寶考慮別人，尊重別人。例如爸爸的書桌不能動，寶寶不許打開爸爸的抽屜拿東西。媽媽的櫃子寶寶也不能打開，不讓寶寶隨便翻動媽媽的東西，學會尊重別人。在家裡養成的習慣有助於日後與人相處。

當寶寶去商店、菜市場、超市時，媽媽更要告訴寶寶不可以拿商店的東西，拿到的一切東西都需要付錢才是自己的，才可以回家。在幼稚園參加活動時，告訴寶寶所有的玩具都是幼稚園的，用完應交給老師。別的玩具拿來的玩具都是自己的，不可以搶過來，經過耐心的教導，寶寶能學會把搶來的玩具還給別人，並且不再動手搶別人的東西。

訓練寶寶的社交行為能力

讓寶寶多和其他寶寶玩耍。讓寶寶接近陌生小朋友，積極鼓勵他與各種年齡的人自由交往。培養他的社交能力其實就是在培養他的自信心。

玩沙灘球。先將沙灘球放掉一點氣，然後爸爸媽媽和寶寶面對面分開 1 米左右的距離，相互傳球。這個遊戲可以兩個人玩，也可以和許多人一起玩。這個遊戲可以培養寶寶的協調能力、社交能力以及運動能力。

當寶寶有進步的時候要具體稱讚。和寶寶相處時，經常尋找值得贊許的具體理由，用贊許的語言鼓勵他，但不要空洞地讚美寶寶。可以說：「寶寶知道自己上廁所了，有進步嘛。」不要說：「寶寶你真聰明，媽媽好喜歡你。」具體的稱讚給他自信，空洞的讚美會讓他自大。

重視自己對寶寶的承諾。本來並不想帶他去麥當勞，卻隨口答應他去，承諾了卻不去實現。媽媽的失信讓寶寶失去自信，也失去對寶寶的信任。

參與丟手帕。寶寶並不會玩，但父母要讓他參加到小朋友的圈子裡來，坐在地上跟著大孩子邊拍手邊唱歌，看著大孩子們把手帕丟在某一人後面，大家都裝作不知道。等到丟手帕的人快到時這人才覺悟，馬上起來跑，而且趕快把手帕丟在不注意的人身後。

大孩子們知道寶寶太小，跑不快，不會把手帕丟在寶寶身後，但是也喜歡多幾個人參加，使圈子人一些，也跑得開。寶寶只是遊戲的隨從者，但他願意參與其中分享大家的快樂，使寶寶容易合群，能早日參加遊戲，媽媽在旁邊看著也高興。

待客。有小朋友來家做客，媽媽應有意識地讓寶寶招待小客人，自己則招待大人。如果寶寶已經認識這個小朋友，寶寶會很樂意讓小朋友到自己的

玩具角來玩。寶寶會問小客人喜歡玩什麼，一般女孩子喜歡布娃娃，寶寶會讓她照顧布娃娃，自己幫忙。男孩子喜歡車，能拉的車、會跑的車、會叫的車都是男孩子喜歡的玩具。安靜的孩子喜歡積木和拼圖，有些孩子喜歡看書，愛動的孩子喜歡球和戶外的玩具。只要寶寶能陪同小客人在一起玩，待客就算成功。有些小客人不願意離開媽媽，寶寶應把玩具拿過來，自己先玩起來，引起小朋友的興趣，或者按媽媽的吩咐去做。寶寶會替客人拿食物、水果等，因為這些事奶奶來時寶寶曾經做過，並得到了奶奶的贊許，所以客人來時寶寶就會做得比較熟練。

如果寶寶有某件事做得不好，媽媽不能當面責罵他，只能用手摸摸寶寶的頭示意他注意。媽媽應著重於讚美寶寶待客時的優點，要他把這些優點保留下來，讓寶寶越來越會招待客人。

不再是媽媽的跟屁蟲了。寶寶到了 2 歲半依賴性減少了，以前總是纏著媽媽，連上廁所都要跟著媽媽，像是媽媽的跟屁蟲。長大一些後，雖然見不到母親，但是在寶寶心中能感覺到媽媽的存在，知道爸爸、媽媽一直在保護自己。只要沒有受到委屈，心情愉快時，即使母親不在身邊，寶寶也勇於一個人出去玩或單獨和小朋友一起玩。在幼稚園裡，團體活動時，可以讓媽媽暫時離開寶寶一會，漸漸讓媽媽坐在後面或試試離開活動室到旁邊的休息室坐坐。或者可以帶寶寶來上課，課後才將他接回家，做好入幼稚園的準備。

不過每個寶寶的情況不同，有些獨立性強的可以早一些離開媽媽，那些仍然纏著媽媽不放的寶寶，也不能強迫他離開媽媽。稱讚能離開媽媽的寶寶，讓更多的寶寶向他學習，參加合作性遊戲能幫助寶寶較容易離開媽媽。

第三節
為寶寶左右腦開發提供營養：彩色食品別多吃

寶寶食譜安排原則

父母們歷來十分關心的問題就是如何安排好寶寶的飲食。寶寶在兩歲半左右，乳牙已陸續萌出，消化功能也日漸成熟起來，但咀嚼能力及消化吸收能力相對來說仍然較弱，所以食物應做到細、軟、爛、碎。2～3歲寶寶的食譜安排主要有三個原則：

1、合理搭配營養素

寶寶在這時，主食應以爛飯為主，最好每週吃麵食2～3次，做到米麵搭配。葷菜主要是肉、魚、蛋，但魚、肉要去骨並切碎。另外，適當加些蔬菜、豆製品，以保證寶寶攝取到足夠的維他命和礦物質。給寶寶喝牛奶也是一個很好的選擇，既可以提供一定量的蛋白質，又可以補充礦物質，所以寶寶每天需要200～400毫升的牛奶。烹調食物所用的食用油應以植物油為主。

2、注意食物的色、香、味

顏色要鮮豔，聞著有香味，口味要可口，給寶寶吃的食物不要放過多味精。避免刺激性及不易消化的食物。硬殼果如花生米及松子仁之類的食物，有落入氣道的危險，故不宜給寶寶食用。

3、注意食物品種的多樣化

為了防止偏食、挑食，保證寶寶全面攝取各種營養素，就要經常變換飯菜的花色品種，這樣還可以提高兒童的食慾，一舉兩得。

寶寶不想吃飯的對策

令父母非常頭疼的事就是寶寶不想吃東西，但一般說來不是寶寶故意要厭食的，父母應弄清楚寶寶厭食的原因。

在寶寶的食量上父母不可強求，要讓寶寶在安靜愉快的情況下用餐。如果在用餐過程中，給寶寶留下記憶的總是一些不愉快的事情，那麼寶寶就自然會形成條件反射，表現出厭食現象。

隨著生活水準的日益提高，不僅父母會給寶寶買零食，而且親朋好友之間也習慣以各種精美的食物送給寶寶作為禮物，如蛋捲、巧克力派、薯片等都是常見的食品。寶寶常吃零食使得血液中的血糖含量增高，導致沒有饑餓感，在吃飯時間不好好吃飯，餓了又吃零食，從而形成惡性循環，致使寶寶產生厭食。此外，因不能吃到營養豐富的飯菜，如魚、肉、蛋等，又會使寶寶體內缺鋅，這也會與厭食形成惡性循環。鋅在動物的卵中含量豐富，肝、瘦肉、魚、蛋、乾果中也都含有鋅。寶寶服用鋅劑要在醫生指導下使用。因此，寶寶的零食一定要控制，不能隨意吃，吃多了會有反面影響。

生病也會導致寶寶不吃飯。寶寶若經常感冒、拉肚子或患其他慢性病，就會因病尚未痊癒，或服用藥物而引起厭食。此時，父母可和醫生探討改進治療而增進食慾的方法。

彩色食品不宜多吃

彩色食品所用色素雖小，但如食用過多，時間過長，就會使色素慢慢地積蓄在體內，可表現為：

1. 食用色素能消耗體內的解毒物質，干擾體內正常代謝功能，從而使醣、脂肪、蛋白質、維他命和激素等的代謝過程受到影響，孩子可出現腹

脹、腹瀉及消化不良等。

2. 合成色素積蓄在體內，可導致慢性中毒，如合成色素附著在胃、腸壁黏膜上易發炎或形成潰瘍。附著於泌尿系統器官，易誘發尿道結石，損害腎功能。

3. 小兒神經系統發育未完善，對化學物質尤為敏感，如過多食用合成色素，影響神經衝動，容易引起好動或多動症。

因此，為了孩子的健康，家長最好不要給孩子購買彩色食品，或盡量少吃彩色食品。

第四節
適合寶寶左右腦開發的遊戲：你拍一，我拍一

水中嬉戲

遊戲目的

訓練寶寶抓握能力。這個時期的寶寶已經可以用手抓握東西了，這個遊戲可以提高寶寶的抓握能力、手部力量以及動作的靈活性。生活中的一切對寶寶來說都充滿了神祕，寶寶的好奇心就是他探索知識的基礎，多樣化刺激可以促進寶寶探索欲的增強。

遊戲準備

海綿一塊、小塑膠碗或桶一個。

遊戲步驟

1. 寶寶洗澡時，給他一塊海綿，浸入水中。
2. 待海綿吸足水後，讓寶寶用手輕輕抓握海綿提起，移到小碗裡，用力把水擠出。
3. 反覆進行。
4. 還可以讓寶寶比較幹毛巾與溼毛巾在重量上有什麼不同，感受水與物體的關係。

遊戲提醒

1. 這個遊戲最好是在夏季進行，既可為寶寶降溫，又可讓寶寶認識到海綿吸水的特性。
2. 無論什麼季節，都要控制好室溫、水溫和遊戲時間。

一個星期有幾天

遊戲目的

　　時間變化也是數學概念之一，透過一星期有 7 天的認識，能讓寶寶有時間前進的感覺，並可理解星期一至星期五家長要上班，星期六、星期天才能放假，從而鍛鍊寶寶的左腦。

遊戲準備

家長可以準備一張畫好 7 個格子的紙張

遊戲步驟

1. 爸爸媽媽在不乾膠貼紙上寫出星期一至星期日的文字和圖注，星期六、星期日可用星星表示。

2. 從星期一醒來就給寶寶一張貼紙貼在第一格，並提醒寶寶今天是星期一先貼第一張。

3. 星期二貼第二張、星期三貼第三張，以此類推，讓寶寶有時間累積的感覺。

遊戲提醒

到了星期六、星期天就可以給予寶寶不同顏色或造型的貼紙，讓寶寶感覺這兩天不太一樣。

說悄悄話

遊戲目的

記憶力訓練。這個遊戲一方面有助於寶寶聽力的訓練，另一方面，將聽到的指令記住並傳遞給別人，又是一個強化記憶力的過程，可以提高寶寶有意記憶的能力。將聽到的指令用語言傳遞給別人，是一個較為複雜的思維表達過程，對寶寶語言智慧的發展、與人交往能力的提高都是很好的鍛鍊。

遊戲準備

家中安靜的環境。

遊戲步驟

1. 爸爸、媽媽分別到兩個房間，爸爸在寶寶耳邊輕輕說：「告訴媽媽，爸爸要一本書。」

2. 寶寶來到媽媽身邊，將爸爸的話小聲告訴媽媽，媽媽按照寶寶的要求把所需物品交給寶寶。

3. 寶寶拿回的東西如果是正確的，爸爸不要忘了誇獎寶寶，然後換一個要

求，重新開始遊戲。

4. 寶寶拿回的東西如果是錯誤的，則要告訴寶寶：「這不是爸爸剛才要的東西。」然後再將要求小聲重複，讓寶寶再去告訴媽媽。

遊戲提醒

遊戲要注意由易到難，多給寶寶成功的機會。

認識光與影

遊戲目的

增加知識。透過遊戲，寶寶不僅對光與影的因果關係有了初步思考，還增加了自然知識，提高了語言表達能力。凡事喜歡問問「為什麼」，並努力去尋找答案，可以培養較強的邏輯思維能力及嚴謹的學習態度。

遊戲準備

陽光燦爛的日子帶寶寶到戶外。

遊戲步驟

1. 站在陽光下，讓寶寶觀察一家人的影子，說說每個人影子的大小，以及為什麼。
2. 讓寶寶跳一跳，看看自己的影子有什麼變化。
3. 讓寶寶左右晃一晃，看看自己的影子有什麼樣的變化。
4. 找一個陰涼處，問問寶寶影子為什麼不見了。
5. 引導寶寶說出影子與太陽的關係。

遊戲提醒

1. 寶寶還小，在陽光下的時間不宜過長，注意適當給寶寶補充水分。
2. 可以利用一天裡的不同時段做這個遊戲，觀察影子發生的變化。

看一看，猜一猜

遊戲目的

　　提高寶寶的語言表達能力。隨著寶寶年齡的增長，寶寶已經掌握了一些生活常識，這個遊戲可以鍛鍊寶寶的語言表達能力和想像力，促進其語言智能的發展。隨著能力的成長，寶寶會開始喜歡各種挑戰，並且在挑戰中獲得自信和對自己能力的判斷，提高自身的適應能力。

遊戲準備

　　一些日常生活用品，如杯子、毛巾等。

遊戲步驟

1. 媽媽做洗臉動作，拿起毛巾假裝擦臉。
2. 讓寶寶猜一猜媽媽在做什麼，並且用語言表述出來。
3. 如果寶寶猜對了，媽媽可以接著表演「喝水」，把杯子放在桌上，拿起來喝，假裝不小心把水灑在桌子上了，用抹布擦桌子，請寶寶猜一猜媽媽在做什麼。
4. 讓寶寶表演動作，媽媽來猜。

遊戲提醒

1. 媽媽要根據家庭生活的實際情況來設計情節，不要選擇寶寶不熟悉的情景。

2. 如果寶寶一時猜不出，媽媽可適當增加一些提示，比如表演「開車」時，可以模擬汽車「ㄅㄨㄅㄨ」的聲音，降低遊戲難度。

你拍一，我拍一

遊戲目的

訓練寶寶的動作配合能力。這個遊戲可以鍛鍊寶寶與媽媽動作配合的協調能力，也是訓練寶寶對他人行為作出積極回應的反應。現代社會的人際交往中，合作已經成為一個重要內容，沒有合作意識和能力的人會被社會淘汰。獨生子女之間往往不會合作、難以合作，所以合作能力的培養就愈顯重要。

遊戲準備

媽媽先熟練掌握兒歌內容。

遊戲步驟

1. 媽媽面對寶寶，伸出雙手。
2. 邊唱兒歌邊拍手，媽媽先拍一下自己的手，然後伸出右手（左手）拍寶寶的右手（左手）。
3. 說到每句的最後一句時，按照兒歌的內容做相應動作。

　　附：兒歌〈猜拳歌〉

　　好朋友我們行個禮，握握手呀來猜拳。

　　石頭布啊看誰贏，輸了就要跟我走。

遊戲提醒

1. 媽媽要控制好自己的動作，開始時要輕要慢，再逐漸加重加，加快力量和速度。

2. 媽媽一定要有耐心，必要時可以先主動伸出手去拍寶寶的手，慢慢地引導寶寶按規律出手。

3. 兒歌的內容可以隨機來編，寶寶熟悉以後，也可以鼓勵寶寶自己編兒歌。

手指一起彎彎腰

遊戲目的

訓練寶寶的手部小肌肉的靈活性。這個時期，寶寶的語言能力和動作能力都在不斷發展中，開始有了節奏感，這種富有節律的遊戲可以讓寶寶感受節奏、發展小肌肉動作。透過遊戲可以同時幫助寶寶認識五個手指和比較它們之間的不同，提高寶寶自我認智能力，增強自信心。

遊戲準備

一些圖畫貼紙。

遊戲步驟

1. 在寶寶的手指上分別貼上小熊維尼、小兔瑞比、跳跳虎、驢子屹耳、小豬皮傑的圖畫貼紙。

2. 把小手伸出來，跟著兒歌一起活動吧！

3. 一邊唱歌謠，一邊動動手指：「維尼維尼彎彎腰，瑞比瑞比彎彎腰，跳跳虎跳跳虎彎彎腰，屹耳屹耳彎彎腰，小豬小豬彎彎腰，一二三四五，

大家一起彎彎腰。」

4.　每個手指彎曲後都要馬上伸直，唱到最後一句時，可以讓寶寶的手指多彎曲幾次。

5.　還可以用彩色筆在手指上寫上數字，把歌謠改成：「老大老大彎彎腰，老二老二彎彎腰，老三老三彎彎腰，老四老四彎彎腰，老五老五彎彎腰，一二三四五，大家一起彎彎腰。」

遊戲提醒

1.　動作要有節奏。

2.　遊戲後要及時把手洗乾淨，遊戲時也要提醒寶寶不要把手指放進嘴裡。

做個熱情的小主人

遊戲目的

掌握基本社交規則。這個時期的寶寶已經具有了初步掌握基本社交規則和禮儀的意識與能力，這個遊戲可以幫助寶寶掌握基本社交規則和禮儀，並透過成人的積極反饋得到鞏固和加強。有意識地加強寶寶的獨立意識，可以挖掘其潛在的領袖才能，有助於寶寶成長為傑出的人才。

遊戲準備

廚房玩具一套或其他的小杯、小碗等。

遊戲步驟

1.　媽媽和寶寶一起玩「做客」遊戲，媽媽扮成客人，到寶家做客。

2.　媽媽模擬敲門聲，對寶寶說：「你好，我到你家來做客。」

3.　請寶寶根據情節來招待客人，在遊戲中說「你好」、「請喝茶」、「在我家

裡吃飯吧」、「不客氣」、「再見」等禮貌用語。

4. 還可以邀請別的小朋友到家裡做客，媽媽給寶寶做示範，讓寶寶來招待小客人。

遊戲提醒

1. 媽媽可以根據寶寶熟悉的事情，隨機變換遊戲內容。
2. 遊戲中，媽媽可有意識地加入一些有禮貌的詞語，使遊戲更富有教育意義。

高高興興去釣魚

遊戲目的

提高寶寶的身體協調性。透過讓寶寶抓住魚竿、控制魚竿的動作，能夠發展寶寶的手眼協調能力和上肢控制能力，從而可以鍛鍊整個身體動作的協調性。具有耐力訓練的遊戲，不僅增加了寶寶對大小、數量、顏色的感知，發展了寶寶的數學智能和空間智能，更重要的是，在成就感的影響下建立了寶寶的自信品格。

遊戲準備

積木、彩紙、迴紋針、帶磁鐵的釣魚竿。

遊戲步驟

1. 用色紙剪成大小不同的魚，在每條魚身上別上迴紋針。
2. 把魚放入盆中，讓寶寶用釣竿釣魚——只有釣竿上的磁鐵碰到魚身上的迴紋針，才能將魚釣上來。
3. 遊戲結束時，媽媽可以和寶寶一起數一數，一共釣了幾條魚、每種顏色

的魚有幾條。

1. 媽媽先示範怎樣釣魚，必要時，可握住寶寶的手，教寶寶釣魚的方法。
2. 魚的數量不宜過多，可在顏色和大小上加以區別，防止寶寶疲勞。

上下分得清

遊戲目的

學習和理解方位概念。在上、下、左、右等基本方位中，寶寶對上和下的方位理解相對比較容易，這個遊戲，透過讓寶寶擺放物品，並結合語言和動作來理解上和下的概念。準確理解他人是寶寶語言智能發展到一定水平的展現，理解能力的提高也有助於與他人的配合與協作。

遊戲準備

各種顏色和形狀的積木。

遊戲步驟

1. 讓寶寶隨意堆積木。媽媽可以指著積木問寶寶哪種顏色和形狀的積木在哪個位置，如「黃色三角形積木在紅色長方形積木上面還是下面」、「綠色方形積木下面是什麼」，等等。
2. 媽媽讓寶寶按照指令把積木搭起來。如「把紅色長方形積木放在黃色三角形積木下面」、「把兩個方形積木放在半圓形積木下面」，等等。
3. 把寶寶的玩具按照上下左右擺開，讓寶寶說說誰在誰的上面，誰在誰的下面，誰在誰的左邊，誰在誰的右邊。

遊戲提醒

剛開始的時候寶寶觀察到的和表達出來的可能不一致，即使他真說錯了或做錯了，媽媽也不要著急，而是要給予充分肯定，讓寶寶能夠準確地掌握方位概念。

跑過來跑過去

遊戲目的

提高寶寶體能。有目的地奔跑，可以鍛鍊寶寶的奔跑技能和水平，提高寶寶的運動興趣，鍛鍊身體，提高體能。喜歡大自然的寶寶往往具有樂觀向上的精神狀態、熱情開朗的性格，能夠適應集體生活，為其未來的成長奠定良好的心理基礎。

遊戲準備

爸爸、媽媽帶上寶寶去郊遊。

遊戲步驟

1. 選擇林中空地，讓寶寶自由地滾爬、奔跑、追逐。
2. 讓寶寶選擇一棵大樹，以此為終點，跑過去，摸一下大樹，再跑回來。
3. 媽媽和寶寶比賽，一起跑過去，看誰先跑回來。
4. 以大樹為終點，還可以玩龜兔賽跑遊戲，寶寶和爸爸分飾角色，扮成小白兔的跑到半路睡覺了，烏龜堅持爬，一直爬到大樹下，成為優勝者。

遊戲提醒

爸爸媽媽要經常帶寶寶去接觸大自然，可使寶寶視野開闊、心情舒暢、身體健康。花、草、樹、蟲、鳥是寶寶喜愛的觀察對象，樹葉、樹枝以及

泥、沙、石、水是寶寶永遠玩不厭的天然玩具。

第五節
28 ～ 30 個月能力發展測驗

28 ～ 30 個月寶寶的能力測驗

1. 認識圓、方、三角、長方、橢圓及半圓形：
   A、5 種（12 分）
   B、4 種（10 分）
   C、3 種（7 分）
   D、2 種（5 分）
   以 10 分為合格

2. 哪邊多（1：3）（2：3）（3：4）（3：3）：
   A、對 4 種（12 分）
   B、對 3 種（10 分）
   C、對 2 種（7 分）
   D、對 1 種（5 分）
   以 10 分為合格

3. 認顏色：
   A、5 種（5 分）
   B、4 種（4 分）
   C、3 種（3 分）

D、2種（2分）

以5分為合格

4. 為已打開攪亂的6個大小不同的瓶了盒了蓋蓋：

A、6個（6分）

B、5個（5分）

C、4個（4分）

D、3個（3分）

以6為合格

5. 學畫十、廿、卅、口：

A、3種（6分）

B、2種（4分）

C、1種（2分）（畫正方形加3分）

以4分為合格

6. 堆積木蓋高樓：

A、15塊（7分）

B、10塊（5分）

C、8塊（4分）

D、6塊（3分）

疊金字塔：

A、底5塊（5分）

B、底4塊（4分）

C、底3塊（3分）

兩項相加以10分為合格

7.　捏麵團模仿做條、球、碗、盤、不倒翁、兔子：

　　A、5 種（10 分）

　　B、4 種（8 分）

　　C、3 種（6 分）

　　D、2 種（4 分）（自己創造構形加 3 分）

　　以 10 分為合格

8.　禮貌地說：「謝謝」、「請您」、「早安」、「您好」、「再見」、「晚安」、「對不起」、「沒關係」、「不客氣」、「路上小心」：

　　A、8 種（12 分）

　　B、6 種（10 分）

　　C、4 種（8 分）

　　D、2 種（6 分）

　　以 10 分為合格

9.　分清我的、你的、他的、大家的、×××的：

　　A、5 項（10 分）

　　B、4 項（8 分）

　　C、3 項（6 分）

　　D、2 項（4 分）

　　以 10 分為合格

10.　捉迷藏：大人藏孩子找，孩子藏大人找：

　　A、會變化著躲藏（5 分）

　　B、變化著尋找（4 分）

　　C、在大人藏過的地方藏身（3 分）

D、不敢玩（0分）

以5分為合格

11. 猜誰在講話（爸爸、媽媽、爺爺、奶奶、阿姨、叔叔、陌生人）：

A、辨認6人（12分）

B、辨認5人（10分）

C、辨認4人（8分）

D、辨認3人（6分）

以10分為合格

12. 學洗臉（洗五官）漱口（漱牙縫、漱咽喉、吐出）：

A、全正確（5分）

B、漏洗五官（4分）

C、將水吞下（3分）

D、大人幫洗（0分）

以5分為合格

13. 鑽入比自己矮的洞（爬入或彎腰）：

A、不撞到頭（5分）

B、撞到後進入（4分）

C、進不去（0分）

以5分為合格

14. 接反跳的球：

A、3次中2次（5分）

B、3次中1次（4分）

C、追球（3分）（接住拋來的球，加3分）

以 5 分為合格

15. 騎三輪車：

A、直走轉彎（7 分）

B、直走（5 分）

C、大人幫忙扶著會騎（3 分）

D、大人推著車走（1 分）（騎得快加 2 分）

以 5 分為合格

結果分析

1、2、3 題測認智能力，應得 25 分；

4、5、6、7 題測手的精巧，應得 30 分；

8、9 題測語言能力，應得 20 分；

10、11 題測社交能力，應得 15 分；

12 題測自理能力，應得 5 分；

13、14、15 題測運動能力，應得 15 分，共可得 110 分，總分 90 ～ 110 分為正常範圍，120 分以上為優秀，70 分以下為暫時落後。哪道題在及格以下，可先複習上月相應試題，通過後再練習本月的題。哪道題在優秀以上，可跨月練習下月同組的試題，使優點更加突出。

寶寶 31 ～ 33 個月：
古靈精怪問題多

第一節
開發寶寶的左腦：兒歌、詩詞記得牢

訓練寶寶的語言能力

　　提問。爸爸給寶寶講故事，故事講完了，馬上問：「如果小馬找不到草怎麼辦？」讓寶寶去替小馬想辦法，寶寶可以做各種設想，如把它帶到動物園來，把它送到馬戲團去，帶它到養馬場，買些草料給它吃等等。在故事的任何段落都可以提問，甚至寶寶回答後也可以再提問。當寶寶說把小馬帶到動物園或馬戲團時，爸爸可以再問：「如果小馬的媽媽找它怎麼辦呢？」爸爸要

讓寶寶想到一些比較全面的解決辦法，引導寶寶既要同情小馬，也要兼顧小馬想媽媽的情感。

經常向寶寶提問，會激發寶寶的想像力，使他將問題與曾經見過的和聽過的事物產生聯繫。寶寶不可能去過很多地方，但可以透過看電視、看圖書、看畫報知道外面的世界。見聞越廣，聯想的範圍越大。

讀書。寶寶拿起一本過去媽媽經常朗讀的書，大聲朗讀起來。其中有些字寶寶認識，大部分字寶寶並不認識，他完全靠著圖和記憶把每一句話讀得非常流利。媽媽從句子中隨便點一兩個字，寶寶按著記憶數著每一個字居然把字正確地讀出來了。媽媽趕快把這個字寫到生字卡上，拿開書讓寶寶再認。用這個方法寶寶一口氣認讀了 10 個字，在認讀時寶寶都完全記得。因為寶寶熟悉這個故事，這些字在故事中出現過多次，只要一提醒，寶寶馬上就能記住。

對兒歌、唐詩感興趣。2 歲半後，寶寶會特別喜歡跟著別人背誦兒歌和唐詩。有些寶寶能把整本精選的唐詩集全都背下來，不過他們並不完全理解兒歌或唐詩的意義，所以背會的兒歌或唐詩到上學時基本上忘光了，難怪有些人認為學了也沒有用。3 歲前的印象遺忘稱為「嬰兒遺忘」，很少有人能記得 3 歲前的事，只有特別高興或特別悲傷的模糊印象留下一點點。不過寶寶會背誦的詩歌就算忘記了，經別人一提醒就會馬上記起。父母可以重點提醒幾首較普遍的詩歌讓寶寶多次回憶，經過多次反覆背誦，過了 4 歲就能存入永久記憶中。2 歲時學會的詩歌其韻律是存在於右腦中的，有了這種韻律的印象，以後再學押韻的詩歌會感到容易和親切，所以這一時期是培養文學興趣的奠基時期，對詩歌的背誦不會無用的。

看圖書猜故事。家裡有些故事書是父母看了給寶寶講故事用的，字又多

又難認，寶寶不可能看懂。但是有時寶寶也搶著要看，寶寶能看懂圖畫所表達的意思，他會一面看，一面把自己對圖畫的理解講出來。這時爸爸媽媽應鼓勵寶寶看圖講故事，讓他講完，然後父母看書再講一次，寶寶講得對的話，父母要稱讚寶寶，並且補充講述沒有用圖表示的部分。寶寶經常看圖講故事可以鍛鍊想像力，應當鼓勵。

訓練寶寶的精細動作能力

乒乓球大轉移。地上放著一個盛著乒乓球的籃子，家長和寶寶各拿一種工具（如湯匙、筷子）把乒乓球撈起，運到對面的籃子裡，3分鐘結束後，籃子裡的乒乓球多者勝。鍛鍊寶寶精細動作能力、協調能力及控制能力，家長參與其中，還可增進親子關係。

釣魚遊戲。準備一根細木棍或長筷子，在一端拴上繩子，繩子的一端拴上一塊磁鐵，再用硬色紙或廢掛曆紙剪出小魚的形狀，在小魚的身上別上迴紋針，就可以玩釣魚的遊戲了。媽媽隨意發出指令：「寶寶，請你釣一條大魚，釣一條小魚，寶寶現在釣了幾條魚了？」也可以讓寶寶隨意釣魚，還可以和媽媽進行釣魚比賽。

剛開始遊戲時，小魚身上可以多別一些迴紋針，方便寶寶能夠馬上釣上來；隨著遊戲的熟悉，迴紋針可以越放越少，增加遊戲的難度，使寶寶的精細動作得到鍛鍊。

剪紙條。媽媽拿來許多舊報紙，讓寶寶用剪刀練習剪紙。可以按著字行學剪直線，也可以按著邊角學轉直角。目的是讓寶寶熟練地拿剪刀，能按著線將報紙剪成直的紙條。因為寶寶是初學，不能要求他將紙條剪得很細，能剪3～4公分寬的紙條就行。鼓勵寶寶用剪刀多練習，練習得越多，用剪刀

的功夫才越會有進步。注意：要用塑膠剪刀，媽媽要在旁邊照顧好寶寶，否則會有傷手指的危險。

穿線玩具。在各種穿線玩具中，洞越大越容易穿線。有一種蟲吃蘋果的玩具，蟲有 3 公分長，帶著一根粗線，每個洞的直徑有 0.6 ～ 0.7 公分。寶寶很容易就能將蟲穿進所有的洞，初學穿線的時候可以用這種玩具來練習。穿線不要用針，以免傷到寶寶，要直接用尼龍線穿進玩具的洞中。2 歲寶寶只能用簡單的、洞不太多的玩具。如果當地買不到，父母可以用打孔機自己設計，自己打孔，用一條尼龍線或紙繩讓寶寶學會穿洞，或用其他類似的玩具練習穿線。

組合和拆裝。樂高玩具適合於 2 歲半以上的寶寶，父母可以讓寶寶從簡單的做起，如將方形的樂高疊起來，因為每塊的下面都有接口，很容易套上另一塊。樂高玩具與積木不同，有了接口就不容易掉下來。所有樂高玩具的接口都相同，如果第一次買的是方形的，第二次又買長方形或蓋房子的，兩套就可以互相連接，組出來的花樣就會增加。寶寶可以照圖紙來組合，也可以自己任意組合。父母應該隨時觀察，如果發現寶寶有了新的造型，可以拍照作為紀念。

硬塑膠中有許多玩具都是組合用的，有管狀插塑、有片塊狀的插塑或專門做動物的插塑等等。寶寶先仔細看做好的成品，最好分部分來拆開再裝上，不宜全部拆開，否則拆開後安裝不上會產生挫折感。

如果分部拆開，分部安裝，有了部分的成就，寶寶就會有進一步解決困難的勇氣，就能達到最後全部拆開，從頭安上的目的。

按圖形撕紙。媽媽用粗針在幾何圖形的輪廓上扎洞，讓寶寶小心地按著針孔把紙撕開，出現幾何圖形。為了練習，先讓寶寶練習撕開用針扎的紙

條，學會了撕開紙條後才能順著針孔撕出幾何圖形。因為寶寶是初學者，媽媽準備的幾何圖形直徑應大於 7 公分，最好用一些結實的紙，如一些舊的掛曆、舊的硬打字紙等。如果紙太薄就容易被撕破。先讓寶寶學撕圓形、橢圓形、半圓形，再學撕正方形、長方形、梯形，最後學撕三角形和菱形。寶寶在撕形狀時尤其是到了邊角的地方要十分小心，不能撕破邊角。讓寶寶學會小心仔細做事，既能延長專注時間，也能練習手的精巧度。

訓練寶寶的數學邏輯能力

擺餐具學數數。平時一家三口吃飯，寶寶會拿 3 個碗，3 雙筷了。寶寶拿筷子時總是一次拿一雙，拿 3 次。如果奶奶來了，吃飯時寶寶會拿 4 個碗、4 雙筷子。有時爺爺也來了，寶寶要拿 5 個碗、5 雙筷子。筷子拿多了，寶寶會拿著一把筷子逐個數，或者每兩根在一起一雙一雙地數。所以讓寶寶擺餐具是一種學數數的自然的過程。

飯後分水果更是寶寶愛做的事，寶寶最喜歡跑進廚房拿水果。如果有大個的橘子，他就給每人拿一個。有時橘子太小了，可以給每人拿兩個，寶寶又要數數了。媽媽鼓勵寶寶做家務，從中不但可以學數數，還可以養成做事勤快、負責到底的習慣。

寫數字取物。媽媽先讓寶寶用塑膠數字擺出雙數，從 2 一直擺到 10。然後用鉛筆學寫這些雙數的數字，注意寫 8 時不可以用兩個小圈連起來，要一筆轉寫下來。再讓寶寶練習聽寫數字然後取物，把媽媽說的數字先寫下來，然後按數取物。可以用積木、珠子、紅棗、花生等，按雙數從 2 排到 10。寶寶寫字時只顧寫字並不知道這個數字代表多少，等到取物時，才發覺 2 只有兩個，6 就多了許多，10 就真是很多了。

第九章　寶寶 31～33 個月：古靈精怪問題多

用算盤數數。爸爸可以給寶寶買一個算盤，讓寶寶一面數數一面撥珠子，慢慢數慢慢撥，要求口說的數與算盤上的數目相符。2 歲半的寶寶手的動作比口慢，經常口說過了手還未撥。父母每天讓寶寶練習幾次，記錄寶寶手口對應的最大數，作為以後點數的記錄。

數共有幾個。媽媽把一些東西放成 4 堆，如番茄 1 個、玩具汽車 2 輛、蘋果 3 個、辣椒 4 個。讓寶寶從 1 個數起，看寶寶是否數得清楚，數數後能否說出總數。如果寶寶能數清，可以獎勵他一塊餅乾。這個遊戲每隔幾天可以重複一次。

訓練寶寶的視覺空間能力

擺玩具看誰不見了。第一次先擺 3 個玩具，如小雞、狐狸和熊熊，可以讓寶寶隨意安排玩具的擺法，讓寶寶轉身背對玩具，媽媽拿走 1 個玩具，讓寶寶轉過身來面對玩具，看他是否知道剛才媽媽拿走了什麼。再玩一次後，擺 4 個玩具，增加一個小雞，讓寶寶自己給玩具排隊，寶寶轉身後媽媽又拿走 1 個玩具，再讓寶寶轉過身來面對玩具，看他是否知道剛才媽媽又拿走了什麼。如果 2 次都猜對了，就再增加 1 個玩具如皮球，讓寶寶繼續猜，直到寶寶不能連續 2 次猜對為止。

這是訓練寶寶的記憶力的方法，有些寶寶能記住 4 個，有些能記住 5～6 個。媽媽可以做一個記錄，過了 3 歲再玩一次比較一下。

寶寶自己擺，他會有一個順序的方位記憶，比別人擺的更容易記住。

找紅花。媽媽在桌子上放兩朵紅花，在沙發下放一朵紅花，在茶几下放兩朵紅花，在茶几上放一朵紅花讓寶寶找。寶寶找到後，媽媽引導寶寶說出「桌子上、茶几上、沙發下面、茶几下面」。

去奶奶家。去奶奶家時，父母走在後面，請寶寶帶路。如乘哪一號公車，哪一站下車，往哪邊走，走進哪一條巷子，走進哪一棟房子或公寓的幾樓、幾號，或如何進電梯，按幾樓的鍵等，看寶寶是否知道。經常去的地方寶寶應當完全認識路，如果寶寶仍不能帶路，就要放手讓他練習幾次，越有機會練習，認路的能力就越強。

第二節
開發寶寶的右腦：聽著音樂學跳舞

訓練寶寶的大動作能力

鑽洞訓練。在家庭內利用書桌的空隙或將床鋪下面打掃乾淨讓寶寶練習鑽進去或利用大的管道。鑽洞時必需四肢爬行，低頭或側身才能從洞中鑽過。寶寶在鑽進鑽出的同時，鍛鍊了四肢的爬行和將身子和頭部屈曲的本領。四肢輪替是小腦和大腦同時活動的練習。

騎腳踏三輪車。寶寶先學習向前蹬車，家長在旁監護，盡量少扶持，熟練之後，自己會試著左右轉動和後退。雙足同時踏進，配合雙手調節方向，身體依照平衡需要而左右傾斜。這些都是很重要的協調練習。2歲半到3歲的寶寶由於平衡的協調能力差，騎腳踏三輪車更為安全。在會騎腳踏三輪車的基礎上，還要讓寶寶熟練騎三輪車的技能：如會騎車走直路，會拐彎，遇到障礙物會停車等，練習駕駛平衡和四肢協調。

模仿動作。媽媽做動作讓寶寶模仿。媽媽可以在頭上舉起雙手，蹲下再站起時，雙手在身體前方平舉然後放下。再在頭上舉起雙手，向前彎腰，指

241

尖觸地，再站起時，雙手又在身體前方平舉然後放下，連做四次，然後原地跳躍七次停止。這是腰和膝蓋的鍛鍊，能使寶寶體態優美。

訓練寶寶的適應能力

時間感智能力訓練。相對於空間感知，時間知覺難度大一些，因為時間是無形的，看不見，摸不著。但時間知覺一定得透過訓練讓寶寶逐步掌握。可以從最直接的開始教，比如：　「今天我們吃了早飯以後上街去玩。」「等一下，我來幫你。」這個一下是什麼概念，家長可以真的過了一下就來到寶寶身邊，然後強調：「寶寶，爸爸這不是一下就來了嗎？」寶寶明白了「一下」就是這個意思。接下來，可以告訴他，今天、明天、昨天的概念，還有上午、下午的概念。

維護寶寶的自尊心。爸爸媽媽不能當著寶寶說寶寶的不是。有些寶寶說話慢，媽媽見寶寶不會稱呼大人，覺得不禮貌，隨口說：「我家孩子太不懂事了。」寶寶失去面子，只好將錯就錯，以後更不會稱呼大人了。凡是寶寶的缺點最好不提，尤其是當著別人去說。寶寶一時做錯了，只在媽媽和寶寶之間討論，寶寶知錯就算了，不能成天嘮叨，更不能翻舊帳。

好孩子是誇出來的，絕不是罵出來的。父母數落寶寶等於傷害他的自尊心，讓他感到一無是處，失去信心。誇寶寶的好處是建立起寶寶的自尊，寶寶感到「我可以」才有信心去做，就會越做越好。

訓練寶寶的社交行為能力

學會等待。對寶寶合理的要求，不要馬上滿足，而是故意增加一點附加條件，因為人的一生有許多時候都得等待和忍耐。這種品德非常重要。

教寶寶從小認可自己的長相。比如告訴他雖然他不是大眼睛，但小眼睛只要有神就很好看。很多不自信往往源於對自己相貌的不認可。

盡量讓寶寶在生活中脫離依賴。去幼稚園要準時，爭取讓鬧鐘叫醒他而不是媽媽一遍遍呼喚。生活能自理的寶寶才能在沒有依靠的處境中充滿自信。

不用辱罵來懲罰寶寶的過錯。辱罵不僅打擊寶寶的自信，還讓寶寶產生叛逆心理。

捉迷藏。以前寶寶跟媽媽捉迷藏，現在除了媽媽之外，也可以跟別人捉迷藏了。寶寶暫時只會跟一個人玩，還未適應跟許多人一起玩。

寶寶開始只會躲在別人躲過的地方，後來看見別人躲的地方經常不同，有許多變化，自己也開始想找一些特別的地方，如窗簾或門簾後面、桌子或床底下等等。在戶外，寶寶可在花叢中、灌木圍牆後或大樹後繞著走讓人看不見。寶寶能記住媽媽的教導，不躲在危險的地方，如果對方找不著自己，寶寶可以發出一點兒聲音讓別人能找到自己。這時期的寶寶願意找哥哥、姐姐捉迷藏，因為比自己大的孩子主意多，更好玩一些。寶寶還未學會容忍較小的孩子，跟比自己小的寶寶往往玩不起來。

打架。寶寶們經常為了一點小事而爭鬥，同齡孩子會大打出手，媽媽只需把他們輕輕拉開，給寶寶玩具，轉移他們的注意力，或者換個環境他們就會忘了剛才的不愉快，誰也不會記仇。幾乎所有的孩子都曾經打過架，男孩子們打架會更多些。

孩子們從打架中得到經驗，所謂「不打不成交」，透過打架知道自己的實力。不能用打的辦法取勝，寶寶就會靈活地躲開。有些寶寶看見躲不過就會

大聲叫喚讓別人來幫忙，把本來要打人的寶寶嚇跑了。

　　有些身強力壯的寶寶喜歡自告奮勇地去幫助弱者，漸漸成為小朋友中的頭頭，被打的寶寶自然成為隨從，這樣就形成小朋友當中的小社會。所以父母們不可能完全禁止孩子們打架，更沒有必要參與進去理論誰是誰非。有些父母甚至會因為孩子們的爭鬥而鬧得很不愉快，而孩子們早就言歸於好了。不過應當告誡寶寶們不可以傷人，不能打別人的頭、臉部，更不能傷到別人的眼睛，被打的人會痛的，只能嚇唬他們，千萬不能出手太狠。

訓練寶寶的音樂能力

　　聽音樂跳舞。媽媽跟寶寶一起，打開錄音機自由跳舞。二人按著節拍隨意跳動，抒發心中的快樂情緒。例如播放史特勞斯的《藍色多瑙河》，媽媽可以自己跳，也可以拉著寶寶的雙手一起跳，寶寶會跟著媽媽的動作學習，慢慢就會跟得上媽媽的腳步，學會跳三步的華爾茲。寶寶在有節律的全身運動中受到音樂美的薰陶。

　　敲擊木琴。木琴是最簡單的樂器，寶寶可以在木琴上敲出自己會唱的歌。現在有不少帶有琴的玩具，多數有一組或兩組琴鍵。寶寶可以先學彈自己會唱的歌，媽媽帶寶寶逐句練習，在彈琴時，首先要把歌變成譜。雖然寫不下來，但嘴裡會唱出譜才能在琴上找到位置。音樂能力良好的寶寶能把自己會唱的歌用譜唱出來，而且在簡單的木琴上彈出一兩句，這種能力實在不簡單，父母應當鼓勵。經過艱苦的努力，寶寶終於彈出一首四句的歌來。

　　輪唱。開頭爸爸和寶寶一起學唱：「兩隻老虎，兩隻老虎，跑得快，跑得快。一隻沒有眼睛，一隻沒有尾巴，真奇怪，真奇怪！」等到寶寶學會後，爸爸跟寶寶唱到第二句「兩隻老虎」時，媽媽從頭插入，爸爸陪著寶寶一直

唱完。讓寶寶體會什麼是輪唱。如果寶寶一直能唱到底，爸爸可以在寶寶唱完第二句「跑得快」時插入，成了三個人的三部合唱。如果寶寶不能堅持，爸爸陪同寶寶唱一個聲部，媽媽自己唱第二聲部，成為好聽的二重唱。

讓寶寶學習輪唱，要求寶寶堅持自己的聲部，不要隨聲附和。但同時又要求寶寶能與人合作，使聲音成為好聽的和聲，而不是吵吵嚷嚷的噪音。

模仿哼唱名曲。爸爸、媽媽跟寶寶一起，哼唱名曲當中的段落，讓寶寶區分哪一段是什麼內容，而且猜一下這一樂句演奏時，所要表達的意思是什麼。爸爸講故事時只講大概的情節，不能講述每一樂句的內容。讓寶寶一面聽　一面理解。

這一活動的目的是做進一步詳細的分析，讓寶寶產生音樂的想像力。這種想像力是將來音樂即興創作的源泉。寶寶先學習理解，透過理解產生聯想，才可能有自己獨特的創作思想。如同國畫的學習，開頭只是按圖臨摹，臨摹多了，學會一般的表達方法後，才可能創作出與前人不同的繪畫。臨摹是一個累積過程，音樂欣賞也是一個累積過程，不但要累積同一個作家的不同作品，還要累積其他作家的作品，分析比較後，才能產生自己總結出來的構思。

第三節
為寶寶左右腦開發提供營養：預防寶寶營養不良

給寶寶的益智健腦食物

根據國內外現代營養學家長期研究的結果顯示，營養是改善腦細胞、使

它功能增強的因素之一，也就是說，加強營養可使幼兒變得聰明一些。

大腦主要由脂質（結構脂肪）、蛋白質、醣類、維他命及鈣等營養成分構成，其中脂質是主要成分，約占 60%。孩子自出生以後，雖然大腦細胞的數目不再增加，但腦細胞的體積不斷增加，功能日趨成熟和複雜化。而嬰幼兒時期正是大腦體積迅速增加，功能迅速分化的時期，如果能在這個時期供給小兒足夠的營養素，為腦細胞體積的增加和功能的分化提供必要的物質基礎，將對小兒大腦發育和智力發展起到重要的作用。因此，父母應盡量為幼兒選擇下列各類益智健腦的食品。

1、深色綠葉菜

蛋白質食物的新陳代謝會產生一種名為類半胱氨酸的物質，這種物質本身對身體無害，但含量過高會引起認知障礙和心臟病。而且類半胱氨酸一旦氧化，會對動脈血管壁產生毒副作用。維他命 B6 或 B12 可以防止類半胱氨酸氧化，而深色綠葉菜中維他命含量最高。

2、魚類

魚肉脂肪中含有對神經系統具備保護作用的歐米伽－ 3 脂肪酸，有助於健腦。研究顯示，每週至少吃一頓魚特別是鮭魚、沙丁魚和青魚的人，與很少吃魚的人相比較，老年癡呆症的發生率要低很多。吃魚還有助於加強神經細胞的活動，從而提高學習和記憶能力。

3、全麥製品和糙米

增強肌體營養吸收能力的最佳途徑是食用糙米。糙米中含有各種維他命，對於保持認智能力至關重要。

4、大蒜

大腦活動的能量來源主要依靠葡萄糖，要想使葡萄糖發揮應有的作用，就需要有足夠量的維他命 B1 的存在。大蒜本身並不含大量的維他命 B1，但它能增強維他命 B1 的作用，因為大蒜可以和 B1 產生一種叫「蒜胺」的物質，而蒜胺的作用要遠比維他命 B1 強得多。因此，適當吃些大蒜，可促進葡萄糖轉變為大腦能量。

5、雞蛋

雞蛋中所含的蛋白質是天然食物中最優良的蛋白質之一，它富含人體所需要的氨基酸，而蛋黃除富含卵磷脂外，還含有豐富的鈣、磷、鐵以及維他命 A、維他命 D、維他命 B 等，適於腦力工作者食用。

6、豆類及其製品

所需的優質蛋白和 8 種必需氨基酸，這些物質都有助於增強腦血管的機能。另外，還含有卵磷脂、豐富的維他命及其他礦物質，特別適合於腦力工作者。大豆脂肪中含有 85、5% 的不飽和脂肪酸，其中又以亞麻酸和亞油酸含量很多，它們具有降低人體內膽固醇的作用，對中老年腦力勞動者預防和控制心腦血管疾病尤為有益。

7、核桃和芝麻

現代研究發現，這兩種物質營養非常豐富，特別是不飽和脂肪酸含量很高。因此，常吃它們可為大腦提供充足的亞油酸、亞麻酸等分子較小的不飽和脂肪酸，以排除血管中的雜質，提高腦的功能。另外，核桃中含有大量的維他命，對於治療神經衰弱、失眠症，鬆弛腦神經的緊張狀態，消除大腦疲勞效果很好。

8、水果

鳳梨中富含維他命 C 和重要的微量元素錳，對提高人的記憶力有幫助；檸檬可提高人的接受能力；香蕉可向大腦提供重要的物質酪氨酸，而酪氨酸可使人精力充沛、注意力集中，並能提高人創造能力。

要根據寶寶體重調節飲食

體重輕的幼兒，可以在食譜中多安排一些高熱量的食物，配上西紅柿蛋湯、酸菜湯或蝦皮紫菜湯等，開胃又有營養，有利於寶寶體重的增加。

已經超重的幼兒，食譜中要減少吃高熱量食物的次數，多安排一些粥、湯麵、蔬菜等占體積的食物。包餃子和包餡餅時要多放菜少放肉，減少脂肪的攝取量，而且要皮薄餡多，減少碳水化合物的入量，吃得太多要適當限量。

超重的幼兒要減少甜食，不吃巧克力，不喝含糖的飲料，冰淇淋也要少吃。在食譜中下午 3 點的小點心可以減少，或用膨化食品代替以減少熱量。

但無論幼兒體重過輕還是超重，食譜中的蛋白質一定要保證，包括牛奶、雞蛋、魚、瘦肉、雞肉、豆製品等輪流提供。蔬菜、水果每日也必不可少。

兒童忌常吃葡萄糖

有不少家長疼愛孩子，把口服葡萄糖作為滋補品，長期代替白糖給孩子吃，牛奶、開水裡都放葡萄糖。其實這種法是不可取的。

這是因為首先口服葡萄糖吃起來甜中帶微苦，並有一點藥味，還不如白糖和冰糖好吃，多吃幾天孩子就會感到厭煩，影響食慾。其次，食用白糖，

先要在胃內經過消化酶的分解作用轉化為葡萄糖才能被吸收，而食用葡萄糖則可免去轉化的過程，直接就可由小腸吸收。但是，如果長期以葡萄糖代替白糖，就會造成胃腸消化酶分泌功能下降，消化功能減退，影響除葡萄糖以外的其他營養素的吸收，導致兒童貧血、維他命、各種微量元素缺乏各抵抗力降低等。

可見，葡萄糖容易消化吸收，對於消化差的病人，尤其是低血糖患者可以及時補充糖分，但作為常用食品，不如白糖、紅糖或冰糖，如長期用來代替食糖反而對健康不利。

如何預防幼兒營養不良

寶寶營養不良的常見臨床表現為：

1. 蛋白質缺乏：臨床容易疲勞，常伴有貧血，幼兒體重減輕，生長發育遲緩，以及對傳染病的抵抗力下降等。

2. 脂肪缺乏：幼兒容易患脂溶性維他命缺乏症包括維他命 A、維他命 D 的缺乏等。

3. 醣類缺乏：幼兒容易發生低血糖，臨床常表現為疲勞、生長發育遲緩。

4. 鈣不足：幼兒容易發生骨質疏鬆、骨骼牙齒發育異常，有些患兒可發生低鈣抽搐等。

5. 磷不足：幼兒常有食慾不振，臨床易發生軟骨病，表現為骨骼和牙齒發育不正常，嚴重的可發生病理性骨折。

6. 鉀不足：幼兒常出現肌肉無力，嚴重的可發生心律失常。

7. 食物纖維不足：臨床常表現為便祕等。

如何預防幼兒營養不良的發生十分重要，幼兒家長應注意從以下幾個方

面著手：

1. 科學育兒，堅持以母乳餵養，並逐漸增加輔食。幼兒斷奶一般在一歲左右，炎熱夏天或寒冷冬天，或是患病初癒都不宜斷奶。
2. 維持幼兒足夠的進食量，注意食物營養成分，保證各種營養物質的消化吸收。
3. 積極防治幼兒各種急、慢性疾病，對幼兒的疾病要及早發現，積極治療。
4. 建立幼兒正常的生活制度，保證充足的睡眠時間，加強鍛鍊，增加戶外活動時間，多曬太陽，以增強幼兒的體質。

第四節
適合寶寶左右腦開發的遊戲：小小牙刷手中拿

自編兒歌

遊戲目的

提高寶寶的語言表達能力。自編兒歌的遊戲可以增強寶寶的概括能力和表達水平，掌握一種新的語言表達方式。多樣化訓練可以提升寶寶參與創作的樂趣，從而培養其自信心，提高自身創造力。

遊戲準備

家中、戶外均可。

遊戲步驟

1. 請媽媽帶寶寶一起唱這首兒歌：「今天真快樂，大家一起唱歌，大家一起跳舞。小熊維尼有好多朋友，有小豬皮傑和跳跳虎，還有兔子瑞比和驢子屹耳。」

2. 和寶寶一起討論：「兒歌裡面都有誰？他們在一起做什麼？」幫助寶寶了解兒歌大意。

3. 待寶寶熟悉兒歌以後，可以引導他自己改編兒歌。如「大家一起做操，大家一起喝水。寶寶有很多好朋友，有揚揚和樂樂」等。

4. 帶寶寶賞水果的時候，和寶寶叨唸「今年的水果大豐收」，讓寶寶順著思路說下去，「今年的橘子大豐收」、「今年的蘋果大豐收」，等等。

遊戲提醒

　　媽媽可以在任何時候，自編一些兒歌和寶寶交流，讓寶寶熟悉這種遊戲方式。寶寶自編的兒歌不會完全符合媽媽的要求，媽媽千萬不要打斷、指責。

小小牙刷手中拿

遊戲目的

　　學會刷牙。3歲的寶寶具有強烈的獨立意識，這個時期是培養寶寶良好生活習慣的最佳時期，在遊戲中融入生活技能訓練，讓寶寶在玩中學到刷牙的方法。對於獨生子女來說，自立精神將會影響其今後一生的發展，在競爭激烈的未來社會，一個勇敢、獨立的人才會被社會所接納。

遊戲準備

兒童牙刷、牙膏、牙杯。

遊戲步驟

1. 媽媽先熟悉歌謠。

2. 給寶寶示範接水、擠牙膏、刷牙的動作。

3. 按照歌謠順序指導寶寶學會刷牙。

   附：兒歌〈刷牙歌〉

   水杯接水半杯滿，牙刷入杯要浸溼，

   擠出牙膏黃豆大，再給牙膏戴帽子。

   喝喝水來漱漱口，小小牙刷手中拿。

   上牙從上向下刷，下牙從下向上刷，

   咬合面來回刷，內側裡面也要刷。

   刷完牙漱漱口，牙膏泡沫吐出來。

   牙刷牙杯洗一洗，輕輕擺來放整齊。

   刷完牙擦擦嘴，牙齒白淨人人誇。

遊戲提醒

1. 每次用完牙刷後要徹底洗滌，並將水分盡量甩去，將牙刷頭朝上放在漱口杯裡，或者放在通風有日光的地方，使它乾燥而殺菌。

2. 刷毛已散開或捲曲、失去彈性的舊牙刷，必須及時更換，否則對牙齒和牙齦不利。

找找看

遊戲目的

透過訓練，讓寶寶在活動中學說主謂語完整的句子，鍛鍊寶寶的語言表達能力，從而開發寶寶的大腦。

遊戲準備

一個小布袋或盒子一類的容器，幾個布娃娃、小汽車、皮球、搖鈴、喇叭等玩具。

遊戲步驟

1. 家長把玩具都裝在小布口袋裡，然後對著寶寶唱兒歌：「奇妙的布袋東西多，讓我先來摸一摸，摸一摸，摸出來看看是什麼？」

2. 家長摸出皮球，問寶寶：「這是什麼？」

3. 待寶寶回答之後，家長再拍拍皮球，問寶寶：「我在做什麼？」啟發孩子說出：「你在拍皮球。」

4. 家長給寶寶做出示範以後，讓寶寶接著來摸，對摸出來的玩具，要求寶寶說出是什麼，然後再玩這個玩具；接著家長再問「寶寶在做什麼「等問題，鍛鍊寶寶學會說主謂語完整的句子。此訓練可以反覆進行。

遊戲提醒

透過從袋子裡往外拿玩具，能提高寶寶對物體形狀的感知。

學數數

遊戲目的

　　訓練寶寶行走能力。這個年齡段的寶寶已經能夠左右腳交替著靈活地走樓梯了。上下樓梯時，讓寶寶數數，可以提高寶寶獨立行走的興趣，同時練習口與腳的動作一致性。一一對應地數數，可培養寶寶對數字的感智能力，同時還能完善身體運動協調能力，讓寶寶全面均衡地發展。

遊戲準備

　　帶寶寶到樓梯多的建築物走樓梯。

遊戲步驟

1.　牽著寶寶的手，邊走樓梯邊數臺階。
2.　在邁一隻腳時數「1」，邁另一隻腳時數「2」，交替進行。
3.　也可以引導寶寶在上樓梯時從「1」數到「10」，下樓梯時，引導寶寶從「10」數到　「1」。
4.　帶寶寶去爬山，也可以一邊爬一邊數臺階，增加爬山的樂趣。

遊戲提醒

1.　開始可以選擇比較矮的臺階進行訓練。
2.　視寶寶的體力進行鍛鍊，一次不要讓寶寶走太多層臺階，中間可以讓寶寶適時休息一下，喝點水。

射球進門

遊戲目的

透過踢球，發展寶寶的腿部肌肉、身體平衡能力，從而發展寶寶右腦的肢體平衡能力。

遊戲準備

彩色皮球。

遊戲步驟

1. 爸爸將兩個木桿立起，當作球門。
2. 爸爸先拿著球，告訴寶寶訓練規則，鼓勵寶寶把球踢進球門。
3. 讓寶寶站在離球門 1 公尺處，啟發寶寶將球踢進球門。
4. 當寶寶的球進入了球門時，爸爸要歡呼慶祝，激發寶寶的遊戲興趣。

遊戲提醒

爸爸應該有耐心地教寶寶如何踢球，讓寶寶產生興趣。

敲一敲，聽一聽

遊戲目的

讓寶寶感知聲音的高低。聽覺訓練不僅是聽力水平訓練，寶寶透過敲擊，可以提高辨別聲音高低的能力，從而發展寶寶的音樂智能。適當的聽覺刺激會促進寶寶在情感上與人溝通及語言方面的發展，並培養寶寶積極、樂於接受外界事物的態度。

遊戲準備

兩個相同大小的玻璃水瓶。

遊戲步驟

1. 一個水瓶裝滿水，另一個裝 1/3 的水。
2. 讓寶寶用筷子敲一敲，哪個瓶子發出的聲音高，哪個瓶子發出的聲音低。
3. 也可以多找一些瓶子，分別裝不同分量的水，讓寶寶用筷子敲擊，聽聽聲音的高低。
4. 還可以找出家裡的鍋、碗、盤子、盆等，用筷子敲擊它們，使之發出不同的聲響，感受用力敲和輕輕敲的區別。

遊戲提醒

1. 寶寶的聽覺器官發育還不成熟，注意敲擊的聲音不要過大。
2. 有條件可以使用真正的樂器、效果會更好。

帶媽媽回家

遊戲目的

記憶力訓練。2 歲多的寶寶記憶力明顯增強已經可以記住一些近期發生的事情。透過遊戲可以強化寶寶的記憶能力，使無意記憶成為有意記憶，從而增強寶寶的生活能力。自信是自我認為智能發展到一定高度的重要表現，只有了解自己才會有自信，自信的人清楚自己的身體、能力和性格，在生活中更易獲得良好人際關係和成功；

遊戲準備

戶外。

遊戲步驟

1. 媽媽和寶寶在家附近玩耍，回家時，媽媽裝作迷路了，說：「我不知道回家的路怎麼走，寶寶，你記得嗎？」
2. 寶寶說：「記得。"
3. 媽媽說：「那你能帶我回家嗎？」
4. 寶寶說：「媽媽跟我走吧。」媽媽跟著寶寶。

遊戲提醒

平時和寶寶外出時，有意識地引導寶寶記住路上的一些標誌性建築或特殊性標誌，既可以加深記憶，又可以認識一些簡單的字。

找圖片

遊戲日的

記憶力訓練。2 歲左右的寶寶，再現（回憶）的能力有很大發展，能用行動表現出初步的回憶能力。這個遊戲可以進一步發展寶寶的記憶和對應能力。寶寶的知識經驗來自於觀察，良好觀察力是獲得知識經驗的前提條件。從小有意識地訓練，可以讓寶寶養成善於觀察、善於學習的好品格。

遊戲準備

小熊、小狗、小兔的圖片各一張。

遊戲步驟

1.　媽媽把三張圖片放在地板上，要求寶寶記住這幾張動物圖片。

2.　寶寶閉上眼睛，媽媽悄悄拿走一張，再讓寶寶睜開眼睛看看少了哪一張。

3.　將三張圖片倒扣在地板上，讓寶寶記住它們對應的位置。

4.　媽媽問：「小熊在哪？」讓寶寶憑記憶找出小熊藏在哪兒。

5.　小狗、小兔圖片的遊戲玩法以此類推。

6.　互換角色，讓寶寶藏，媽媽猜。

遊戲提醒

1.　動物圖片可以根據家裡情況來選擇。

2.　圖片數量可以根據寶寶的實際能力增加或減少。

大家一起玩遊戲

遊戲目的

透過安排寶寶和同齡的孩子一起玩團體遊戲，培養寶寶的合作交往能力，提升寶寶的右腦人際交往能力。

遊戲準備

球、玩具等。

遊戲步驟

1.　安排寶寶和同齡的孩子玩團體遊戲。

2.　鼓勵團體活動，並提供足夠的玩具。

3.　安排需要兩個人合作的活動，如互相滾球、扮家家酒等。

4. 將一塊硬紙板架在書上製造一個斜面，指導寶寶從高處輕推玩具卡車，使它滾到下面，讓一個寶寶推車，另一個寶寶去接，然後交換位置。

5. 讓兩個寶寶彼此相距 1 公尺左右坐著，要他們一來一往地推球或是推玩具車，若他們做得好，要予以稱讚。

遊戲提醒

與大家一起玩遊戲可以培養寶寶的團隊意識。

和爸爸媽媽賽跑

遊戲目的

這個訓練除了能讓寶寶積極地、創造性地制定訓練規則外，還能讓寶寶了解玩遊戲最重要的是每個人都有贏的機會，每個人都能享受遊戲的樂趣。

遊戲準備

較寬敞的場地、書本、乒乓球，爸爸媽媽要鼓勵寶寶和自己一起跑步。

遊戲步驟

1. 爸爸媽媽對寶寶說，要和寶寶一起比賽跑步。

2. 一開始，當然是爸爸媽媽會贏了。這時家長再啟發寶寶可以制定規則，怎樣給爸爸媽媽設置難關。

3. 爸爸媽媽可以用書本、乒乓球提示寶寶，譬如讓爸爸頂書本、媽媽雙膝夾住乒乓球等，再跟寶寶賽跑。

4. 如果還是結果懸殊，還可以讓寶寶給爸爸媽媽提出新的規則。

如果爸爸媽媽能全身心地投入遊戲，就能為寶寶建立最好的行為榜樣，也最能讓寶寶獲得成功的滿足感。

滾一滾，認一認

遊戲目的

提高寶寶的運動能力。滾球可以鍛鍊寶寶的手部力量和敏捷性，還可以鍛鍊手眼協調能力。在遊戲中學習文字和數字，可以讓寶寶感到輕鬆和快樂，提高自主學習能力，更好地適應今後的學校生活。

遊戲準備

純淨水空瓶若干，色紙、水彩筆、皮球、空紙盒各一個。

遊戲步驟

1. 媽媽在色紙上寫一些文字或數字，放進瓶子裡，每個瓶子放一張 0。
2. 將瓶子按一定距離並排放好'讓寶寶在瓶子前方 1 米左右處蹲下，滾動皮球將瓶子撞倒。
3. 每撞倒一個瓶子，讓寶寶將色紙取出並打開，認一認相應的文字或數字。

遊戲提醒

1. 開始時可以少放幾個瓶子，當寶寶撞倒瓶子的準確率較高時，再逐漸增加瓶子數量或調遠距離。
2. 色紙上文字或數字的難易程度視寶寶的能力而定。

第五節
31～33 個月能力發展測驗

31～33 個月寶寶的能力測驗

1.　我問你答：

　　誰的鼻子長？誰的耳朵長？誰愛吃草？誰愛吃魚？誰會生蛋？誰能擠奶？誰會看家？誰會拉車？誰會過沙漠？誰會耕田？每對 1 問記 2 分。

　　以 10 分為合格

2.　不協調的圖片：

　　準備三幅圖，一幅是一輛汽車缺少一個輪胎，一幅是一座房子缺少門，一幅是一個公雞游泳。讓寶寶從這三幅圖中找出缺少的部分和錯誤之處，每對 1 圖記 5 分。

　　以 10 分為合格

3.　哪邊多還是一樣多：

　　(1：3)(2：3)(2：2)(3：4)(3：3)(4：5)(4：4)，每對一問記 2 分。

　　以 10 分為合格：

4.　解結：

　　會解皮帶釦、鑰匙圈、暗釦、布釦、魔鬼氈、褲鉤，每種記 1 分。

　　以 5 分為合格：

5.　折紙：

　　正方形折成長方形，再折成小正方形；正方形折成三角形，再折成小三角形；正方形折成三角形，再折成狗頭，會折完一種記 5 分。

　　以 10 分為合格

6.　拼圖：

　　用賀年卡切成 2、3、4、5、6、7、8 塊，每拼對 1 套記 1 分。

　　以 5 分為合格

7.　口答反義詞：

　　大、上、長、高、肥、亮、白、甜、軟、深、重、遠、慢、厚、粗、

　　精，對上 1 對記 1 分。

　　以 10 分為合格

8.　回答故事的問題：

　　誰？在何處？準備做什麼？遇見了誰？事情有何變化？結果如何？說明

　　什麼問題？要記住什麼教訓？每對一問記 2 分。

　　以 10 分為合格

9.　玩猜拳遊戲：

　　A、知輸贏（5 分）

　　B、及時出手（3 分）

　　C、無法及時出手（2 分）

　　以 5 分為合格

10.　隨音樂敲鼓：

　　A、合上節拍（5 分）

　　B、略慢（4 分）

　　C、分清強拍、弱拍（3 分）

　　D、亂敲（1 分）

　　以 5 分為合格

11. 學刷牙：

A、能正確刷（6分）

B、會刷（5分）

C、要大人擠牙膏（3分）

D、吞水（0分）

以5分為合格

12. 穿衣服：

穿鞋、襪、背心、褲子，4種會穿（記5分）。鞋襪分清前後、左右各加2分。

以5分為合格

13. 下樓梯：

A、交替雙足自己下樓梯（10分）

B、雙足踏一臺階（8分）

C、大人牽下樓（6分）

D、大人抱下樓（0分）

以10分為合格

14. 拋球：

A、舉手過肩拋2公尺（5分）

B、拋1公尺（4分）

C、向後拋（3分）

D、滾球（2分）

E、拋中目標（加2分）

以5分為合格

15. 單腳站穩不扶：

A、1 分鐘（5 分）

B、半分鐘（4 分）

C、10 秒（3 分）

D、5 秒（2 分）

以 5 分為合格

結果分析

1、2、3 題測認智能力，應得 30 分；

4、5、6 題測手的精巧，應得 2 分；

7、8 題測語言能力，應得 20 分；

9、10 題測社交能力，應得 20 分；

11、12 題測自理能力，應得 10 分；

13、14、15 題測運動能力，應得 20 分，共可得 110 分，總分 90 ～ 110 分為正常範圍，120 分以上為優秀，70 分以下為暫時落後。哪道題在及格以下，可先複習上月相應試題，通過後再練習本月的題。哪道題在優秀以上，可跨月練習下月同組的試題，使優點更加突出。

寶寶 34 ～ 36 個月：
拿著球拍學打球

第一節
開發寶寶的左腦：聽錄音講故事

訓練寶寶的語言能力

訓練複合句。除了簡單句以外，家長應有意讓寶寶說一些帶關聯詞的複合句。如「如果今天不下雨，我們全家都到公園去玩。」「儘管我有缺點，但我一改正了，就是好寶寶」等，這可是一次不小的進步！

詳細講述一幅圖。媽媽可準備一幅圖，讓寶寶看後詳細講述圖的內容。起初寶寶只會說出圖中最顯眼的一種東西的名稱，如「大象」。媽媽提醒並

問：「它在幹什麼？」寶寶說：「大象在吹喇叭呀。」媽媽又問：「大象在什麼地方？」寶寶說：「在大森林裡。」媽媽問：「大象吹喇叭給誰聽呀？」是呀，大森林裡又沒有人，又沒有其他動物，不過寶寶看到了奇怪的東西，就說：「大象的頭上有花帽子，背上披上花毯子，不知它要幹什麼。」媽媽幫助他說：「要去表演雜技吧？」「對了！對了！」寶寶很贊同。於是，媽媽要求寶寶從頭到尾把這幅畫說清楚。寶寶開始敘述：「森林裡有一隻大象，它披上漂亮的毯子，戴上好看的帽子，一面吹喇叭一面走去表演雜技。」

媽媽無論打開哪一幅圖，都跟寶寶一起研究這幅圖是在說什麼，讓寶寶詳細地敘述這幅圖。把幾幅連續的圖講清楚了，寶寶就會自己講故事了。

複述一段錄音。讓寶寶聽一段很短的錄音故事，聽完之後，讓他用自己的話把故事說出來。例如聽了一段龜兔賽跑的故事，或看了這個故事的錄像後，請寶寶把故事講給媽媽聽。寶寶的敘述會很簡單：「小兔跟烏龜賽跑，烏龜贏了。」媽媽肯定要問：「為什麼烏龜會贏？」寶寶補充說：「兔子睡著了。」媽媽再追問：「為什麼賽跑時兔子會睡覺呢？」寶寶說：「兔子看到路邊的蘿蔔好吃，吃飽了就睡著了。」媽媽又問：「如果你去賽跑，你會不會在路上吃東西呢？」寶寶說：「不行，那一定會輸的。」媽媽又問：「為什麼兔子不怕輸呢？」寶寶說：「因為兔子跑得快啊，它比烏龜快多了。」媽媽說：「對了，因為兔子驕傲，覺得烏龜不能跟自己比，睡一覺也不要緊。」媽媽做了許多提示，再請寶寶從頭到尾講一遍，使寶寶的敘述能力又提高了一步。

留給他 20 分鐘。爸爸媽媽即使工作再忙，每天也要給寶寶留出 20 分鐘，聽聽寶寶有些什麼話要說。寶寶不懂得 20 分鐘有多長，有時一言不發。爸爸媽媽要提醒他：「還有最後的 5 分鐘。」

鼓勵他把最想講的話說出來。有時寶寶要父母給他講故事，父母也可以

用故事來引起他說話的興趣。父子及母子之間的交談是最寶貴的，要養成經常交談的習慣，使寶寶把心裡所想的或解決不了的問題說出來，大家討論解決，才能使寶寶成為與父母無話不說的好朋友，並且在每一件大小事上評論它的意義和價值，讓父母的觀點對寶寶產生影響。有時在最後的 1 分鐘寶寶才說出心裡的鬱悶，這時透過幾句話就可化解，這比用棍棒強迫好得多。寶寶既鍛鍊了語言能力，也改變了對事物的看法，有利於塑造良好的性格。

訓練寶寶的精細動作能力

蜘蛛網遊戲。紙板上用打孔器打出許多小眼，引導寶寶把自己想像為一隻會結網的小蜘蛛，在小眼中穿梭，編織有趣的圖案，結出美麗的「蜘蛛網」。用彩色的毛線穿網效果最好，如果沒有也可以用鞋帶代替。還可以引導寶寶編出其他的圖案，激發寶寶的想像力。

手指角力賽。讓兩個小寶寶各自伸出一根手指，與對方的一根手指相對，如拇指對拇指，然後互相用力，看誰的力氣較大，能把別人的手指推到旁邊去。如果家長和寶寶比賽，注意只要稍稍用力就可以了，能感受到小寶寶用力即可。

折紙。媽媽準備兩張正方形的色紙，教寶寶先把紙對折過來，邊對齊，角也對齊，把中間壓平，這時白紙從正方形變為長方形。媽媽再把長方形從長邊對折，得到小的正方形。寶寶知道了人正方形折一下可以變成長方形，長方形再折可以變成小正方形。用兩張正方形的白紙，把兩個對角比齊，對折後，得出一個大三角形。再把大三角形的兩個銳角對齊，把角的兩個邊也對齊，然後把紙壓平，得出小三角形。這樣，寶寶就知道了正方形對角折，可變成大三角形，再對角折就變成小三角形。媽媽再用一張正方形的白紙，

先折成大三角形，再把兩個銳角往裡折，做成小狗的兩個耳朵，在中間畫一道做鼻子，鼻子上方有兩個眼睛，下面畫個三角嘴，成為狗頭。這是媽媽和寶寶共同做的第一個玩具，寶寶如果想做，折紙的部分讓寶寶做，面臉的部分可以讓媽媽幫忙。這樣，寶寶就學會了做自己的第一個玩具。

陀螺。有些陀螺是單個的，用單手或雙手去搓，陀螺就轉起來。如果陀螺轉得慢了，可以用一條軟的鞭子去抽它，使它又轉起來。另一種是帶有齒輪的，用力拉走鞭子時，陀螺就會掉下而且轉起來。如果拉得好，陀螺轉的時間會很長。幾個孩子在一起玩，可以比賽，看誰的陀螺轉的時間最長。無論用手去搓，或用力拉走鞭子都有技巧性，不能只知用力，用力不當陀螺落地不正，轉不了幾回就停了。只有陀螺與地面垂直，才能轉得平穩，轉的時間長。孩子們在一起玩，只要互相學習，常常能學到新的本領。

訓練寶寶的數學邏輯能力

背數到幾。個別寶寶可以背數到 100，有些寶寶可數到 50、40、30、20和 10 不等，這要看平時在家是否經常練習。能否數得多取決於 9 ～ 10 的進位上，用算盤能幫助寶寶進位時少發生錯誤。學會用算盤數數的寶寶，可以看十位上的珠子數，也不容易數錯。寶寶學會背數之後，點數就容易多了。可以背數到 100 的寶寶能點數到 30，背數到 50 的寶寶能點數到 20，背數到30 的寶寶能點數到 10，所以背數是點數的基礎。背數較多的寶寶背誦的兒歌和唐詩也多些，因為這些都是按順序的記憶過程，是左腦語言中樞發育的結果，一般女孩在這方面占優勢。所以練習背數如同背兒歌一樣，也是促進左腦語言中樞發育的方法之一。練習點數時要求手口同步，由於手的動作要在 3 歲半以後才會變得更加靈活，所以到 3 歲半時背數與點數一致，4 歲後

點數可以多過背數，因為有東西作為直觀的提示，點數不容易出錯。

能拿幾個。2歲時寶寶只會拿3個，2歲半時可以拿4～5個，3歲時可以拿5～8個。會拿的數目才是寶寶真正能理解的數目。在會拿的數目之內，父母拿走幾個，寶寶馬上能看出來，會再逐個放回去，也能說出是幾個。有些寶寶雖然背數的總數並不太多，但拿取的數目多，也算是數學能力良好的寶寶。這取決於數學理解能力，借用形來理解，所以也是形象思維的能力，是右腦的能力，往往男孩子占優勢。所以不能說誰背數最多就說誰數學能力最強，也應當考慮誰拿得多，拿得多的孩子數學能力也同樣出色。

記幾位數。有些寶寶在2歲時就能背自己家裡7～8位的電話號碼，較多的2歲半的寶寶能分別記住奶奶家、外婆家或其他親人的電話號碼，或者爸爸、媽媽的辦公室的電話號碼。

3歲的寶寶能記住爸爸或媽媽的手機號碼，即能記住11位數。這些能力都是近年來電話普及以後的事。

記憶一連串的數字本來是十分枯燥的事，但是如果這個號碼與自己的生活息息相關，尤其是寶寶在想媽媽時曾打透過這個號碼，這幾個數字就會使寶寶銘記不忘。因為情感興奮時杏仁核的興奮會傳入海馬回的長期記憶的部位。過去無論比內氏或韋氏的智力測試，都要求孩子記住數字（7歲複述5個數字，3次中全對一次），測試時，另外讀出幾組數字。但是會背數字的寶寶，馬上背誦新的數字並不難。記住數字是一種臨時記憶，會記數的寶寶，如同已經認字的寶寶一樣，比從未認字的孩子學認字容易得多，因為可以作內部的比較和聯繫。記憶數字也是智力開發的方法之一，鍛鍊的部位在大腦邊緣葉的海馬回內。

小天平。父母可以準備一些小天平玩具給寶寶用，如果沒有，父母也可

第十章　寶寶 34 ～ 36 個月：拿著球拍學打球

以自己造。最簡單的方法是用 一個晾衣架，在衣架兩端的彎鉤上，各吊上一個小框，就做成一個小天平。

讓寶寶試著在天平兩邊放同樣大的方積木，如果一樣多，天平就能持平，否則多的一邊會下垂。

有一種天平帶有大小不同的數字，寶寶想讓天平持平可以兩邊都掛同樣的數字，或者可以自己試著配。如果一邊掛 3，另一邊掛一個 1 和一個 2。雖然寶寶只是在遊戲，只是用手隨便搭配，但玩多了自己也能總結出規律，就是數的組成。

不過寶寶沒有必要了解太多，就是讓他隨便掛，或者讓他猜掛什麼就能持平，透過猜寶寶慢慢就知道規律。這樣的遊戲對將來寶寶學習算術加減法都會有好處的。

訓練寶寶的視覺空間能力

會畫三角形。寶寶畫圖可以從點和線開始，畫彎線封口成圓。到 2 歲半前後寶寶已會畫方形，開頭只能畫出一個直角，後來直角增多。過 4 ～ 5 個月寶寶才會畫銳角，開頭畫的三角形也只有一個角是尖角，其餘的角常常是圓的，湊合著把口閉上。但是寶寶會畫三角形就會畫房頂，下面加上方形或長方形就成房子了。

所有寶寶都喜歡畫房子，畫自己的家，所以會畫三角形讓寶寶十分興奮。三角形還可以做小汽車的上部，下面加兩個圈就成；三角形可以畫成飛機、火箭等寶寶愛畫的東西，使寶寶畫畫的內容更豐富了。

連點遊戲。在紙上畫許多點，把這些點按著 1、2、3、4 的次序連起來，就會出現一個東西。寶寶自己先畫，如果連不起來再請爸爸媽媽幫助。畫出

來後，可以自己塗顏色。

畫手印。寶寶用鉛筆可以畫出自己左手的手印，讓寶寶在紙上多畫幾個手印。爸爸可把手印剪開，讓寶寶說出這是哪一隻手的手印。寶寶說：「左手呀。」爸爸拿起一個手印放在寶寶的右手上，也能放對，怎能證明是左手的手印呢？寶寶正在納悶，爸爸用鉛筆在手印上加工一下，在一隻手的手心畫上幾條橫的掌紋，是手心的圖，大拇指向左，就是右手。爸爸又在另一個手印上畫上指甲，看得出是手背的圖，雖然大拇指也向右，但是看得出是左手。

這個活動讓寶寶明白了光是一個手印，很難確定它的左右，因為它可能是手心也可能是手背，如果加上幾筆，說明是手心或手背就能明確了。現在寶寶在畫圖時開始考慮方位，明確自己在畫它的哪一方面，使寶寶畫圖有了進步。

認腳印。寶寶跟爸爸到海邊或游泳池玩的時候，若在沙灘上走路，或用溼的腳在游泳池邊的路上走，會出現一排排腳印。爸爸跟寶寶一起觀看，首先教寶寶分清哪一排是爸爸的腳印，哪一排是寶寶的腳印。然後，隨便指一個腳印讓寶寶說出是左腳還是右腳的腳印，因為這些走出來的腳印肯定是用腳心壓出來的，大拇指都向內，所以小指在左邊的就是左腳，小指在右邊的則是右腳。

有了這種認識，寶寶就能進而分清鞋的左右了。大多數的寶寶在 3 歲時就能分清鞋的左右，不會穿錯。

第二節
開發寶寶的右腦：踮著腳尖走路

訓練寶寶的大動作能力

羽毛球。爸爸拿大拍，寶寶拿小拍，兩人相對而站，讓寶寶練習打羽毛球。一開始，寶寶不會拿拍子，要先練練，爸爸把球拋到寶寶身邊，讓寶寶用拍子把球打出。經過幾次練習，寶寶知道使勁的方法後，才開始兩人面對面打球。羽毛球降落不太快，如果寶寶能接著幾回球就有了信心繼續打球。如果爸爸球打得較好，球的落點固定，寶寶就不必經常跑動，所以不會太累。讓寶寶學會發球和接球，以後再把兩人的距離拉長。距離長些，可使寶寶跑動起來。以後再進行競賽性的練習。

羽毛球是比較柔和的球類，適合於較小的寶寶練習，要求寶寶看到球時要估量適合於自己接球的地點，必要時要跑動一段距離才能接球。寶寶只能用小的球拍，一來輕一些，二來短一些，便於寶寶活動。打羽毛球要有技巧，寶寶從羽毛球學起，以後打網球及其他使用球拍的球類就會較方便。

訓練寶寶用腳尖走路。媽媽在地上畫一條「S」形曲線，讓寶寶用腳尖在線上走，訓練他的平衡能力。如果走得好，要及時鼓勵，讓他反覆做這種練習。

跳過障礙。把兩三個椅墊分開放在地上，讓寶寶跳過一個，再跳過另一個，做連續跳躍。也可以加上寶寶的大娃娃、鞋盒子、積木盒等擺成一個圈，讓寶寶走幾步跳一跳。還可以打開錄音機，媽媽在前面帶頭，做有節奏的走步和跳躍，使寶寶全身得到活動，增加寶寶的彈跳能力。3 歲的寶寶最

喜歡跳躍，如果隨著音樂伴奏一起跳會使寶寶增加許多興趣。

邊走邊跑。早晨盥洗完畢，父母跟孩子一起到戶外晨練，走幾步跑幾步，緩慢開始，然後可以定一個目標，如從第一棵樹跑到第二棵樹，再走到第三棵樹，再跑到第四棵樹。用同樣的方法再回來。父母的步伐大，當父母用正常速度走時寶寶要跑才來得及。所以爸爸媽媽要用慢速度走，也要跑，父母慢速走路和快速走路就能使寶寶邊走邊跑。每天練習 15 ～ 20 分鐘，不宜過長。有了這種經常性的練習，寶寶的體能會有很大的改善，胃口好、感冒少、睡得熟。

訓練寶寶的適應能力

透過畫地圖讓寶寶學會大量的方位知識。在一張大紙上，讓寶寶畫出房間的牆，並標出窗和門的位置。讓寶寶剪出不同顏色、形狀的黏貼紙片，代表房間的不同區域，比如書架，並把這些小紙片貼到大紙上。鼓勵他做一張比較精確的室內地圖。這將是寶寶理解繪製一個區域過程的良好開端。然後寶寶就能用相似的方法來介紹他自己小臥室的內部陳設了。

培養寶寶的競爭意識。首先我們應該讓寶寶積極地介入競爭（包括考試、比賽和學習）。不要獎勵勝利、懲罰失敗。如果寶寶獲勝，我們應該祝賀寶寶而不是獎勵，也不要馬上提出新的目標。其次，就是更多地練習，培養寶寶「在場上」的感覺。透過充足的準備，培養寶寶對於競爭的渴望和興奮；透過反覆的練習，增強寶寶對壓力的承受能力，以及意志的頑強、策略的靈活。根據寶寶的願望盡可能多地創造寶寶參與比賽的機會。如果條件不允許，也可借用其他形式。比如當寶寶做數學題時，我們就引導寶寶假想有一個和他水準差不多的同學，正在和他比賽，看誰能做得又快又好。再比如

和寶寶一起從電視上觀看寶寶喜歡的比賽，認真聆聽解說員的分析，並一起討論各個參賽者的個人特點和競爭狀態。

培養寶寶的責任心和進取意識。爸爸媽媽要有意識地讓寶寶做一些力所能及的事情，使他們養成做事認真的習慣。寶寶遇到困難，要積極給予指導，提高寶寶克服困難的本領，增進寶寶勇往直前的意識。

強化寶寶的公德心。爸爸媽媽要教育寶寶在公共場所不攀折花木，不亂塗亂畫，不隨地吐痰；尊敬老人，嚴守紀律。對寶寶違反公共道德的行為要及時指正，讓寶寶逐漸認識到：良好的社會行為是人格高尚的外在表現。

訓練寶寶的社交行為能力

學會條理。日常起居，應有一定之規，衣服疊放、起床、入睡時的順序，必需有序，生活不能散漫，作息時間必需遵守。有了這樣一些制約，寶寶會變得嚴謹和守紀律。切忌此時放鬆管教，無序無度，最後放蕩不羈。

多向寶寶幼稚園老師了解情況。如果寶寶上幼稚園了，透過和老師的交談，了解寶寶在幼稚園的情況，如果寶寶的老師認為他確實在學校不合群，那麼，試著向老師建議是不是能讓寶寶在學習或是課外遊戲時間，和其他小朋友配對，有意識地多安排他們一起活動。遊戲是培養寶寶合作交往能力最有效的手段，父母要多鼓勵自己的寶寶參加遊戲活動，讓寶寶走進別的小朋友中間去玩。透過遊戲，幫助寶寶逐步擺脫「自我中心」，融入到群體之中。

交朋友。寶寶喜歡自己的朋友，會對爸爸講小朋友的事：「小佳佳也會唱〈春天來了〉，老師讓我們表演了。」過幾天又說：「佳佳跟我一起蓋了一座高房子，是尖頂的。佳佳跟我玩沙，我們挖了大河，堆起座高山。」爸爸媽媽都聽了許多有關佳佳的事，都為寶寶有了好朋友而高興。

過幾天寶寶傷心地告訴媽媽：「佳佳跟亮亮一起玩，不跟我玩了。」

這時媽媽要安慰寶寶說：「不要緊，過幾天佳佳會跟你玩的。」果然，幾天後寶寶又高興地向媽媽講有關佳佳的事了。媽媽應鼓勵寶寶交朋友，讓寶寶對朋友多一些寬容。

第三節
為寶寶左右腦開發提供營養：別讓零食喧賓奪主

零食的選擇

零食是指正餐以外的一切小吃，是孩子喜歡吃的食品，如小餅乾、蛋糕、水果等。有人完全不主張給孩子吃零食，因為零食會影響消化及正餐進食量，但多數醫生和兒童保健專家認為適當的零食是必要的，因為嬰幼兒胃容量小，而新陳代謝旺盛，每餐進食後很快被消化，所以要適當補充一些零食。但零食選擇不當或過多，會擾亂孩子正常的消化活動和規律，引起消化系統疾病和營養失衡，影響孩子的身體健康。因此選擇零食還要掌握好零食的種類和時間。一個健康的孩子，每日所需熱量的 1/3 來自於正餐之外的加餐食品（即零食）！正在長身體的兒童，需要較高的能量，而其胃口又較小，每天標準的三餐絕對是不夠的。而且孩子在生長迅速、能量消耗大的一段時期內，食慾還會變化，因此適當的加餐可保證孩子在下一頓正餐前，體內維持穩定的能量。

哪些品種的零食對於兒童來說最好呢？當然是營養豐富，富含醣類、蛋白質、維他命 A 和 C 的食物。這類食品的顏色和形狀，應盡可能地豐富多

彩，以吸引孩子。烤成有趣形狀的全麥麵包是很好的選擇。

此外，低醣、經烘烤的穀類食品也是有益於健康的食品。如，幾種不同外形的、乾的、易嚼的餅乾、麵包等，跟葡萄乾或其他水果乾混合起來，就是一份美味的、營養豐富的零食。

水果和蔬菜是良好的、健康的飲食結構所必需的原料。孩子每天吃 5 份水果和蔬菜最理想，盡可能吃新鮮的水果或喝果汁。值得注意的是，別忘記從縱向撕碎或切斷。吃葡萄和櫻桃應切成兩半，除去核。另外，生的蔬菜和水果沾果醬吃，味道會更誘人。

牛奶和其他日常食品對幼兒來說也是必不可少的。兩歲以下的幼兒需喝全脂牛奶，兩歲以上可以喝低脂牛奶。盡可能在加餐零食中多加蔬菜丁或果醬，以滿足身體發育對維他命的需求。

加餐食品的菜單中，還應有肉、家禽、魚、乾豆、蛋以及堅果。這些食品中含有正處在生長發育階段的孩子所必需的蛋白質，並且是人體所需的鐵元素的很好來源。

單調食品導致營養失調

營養在人體的整個生命活動過程中是必不可少的，3 歲以內的幼兒處在迅速生長發育階段，對營養的需求比任何階段都高。維持人類生存主要有六大類營養物質：蛋白質、脂肪、醣類、維他命、水和礦物質。不同的營養素起著不同的作用，而不同的食品含有的營養素也不一樣。

蛋白質是構成身體的重要物質，幼兒要正常地生長發育，是絕不能缺少蛋白質的，否則會引起營養不良、貧血、免疫功能低下等等。脂肪是熱量的主要來源，能幫助脂溶性維他命的吸收，維持體溫，保護臟器。醣類又稱碳

水化合物，它供給人們大量的熱量，約占人體總需求熱量的50％。攝取過少使體重減輕，脂肪或醣類攝取過多也會引起肥胖。維他命與人體的生命活動密切相關，缺乏不同的維他命引起不同的疾病。水參與人體的構成（幼兒體內水分約占體重的70％），並參與運轉其他營養成分。沒有水將和沒有空氣一樣，人是無法生存的。礦物質參與人體水鹽代謝，維持體內酸鹼平衡，它們的含量基本固定，有些屬微量元素，體內含量增多或缺乏都會導致不同的疾病。

不同的食品含有的營養素多少不一，比如含蛋白質較多的有蛋、瘦肉、雞鴨、魚蝦、奶、黃豆及其製品；含脂肪多的食品有食用油、奶油、蛋黃、肉（尤其是肥肉）、肝等；含醣類較多的食物有米、麵、薯、糖等；含維他命和礦物質較多的是蔬菜和水果。可見幼兒膳食必需豐富多彩才能提供各種營養素。要動物性食物和植物性食物搭配，粗糧和細糧搭配，鹹甜搭配，固體液體搭配。每天都要吃蔬菜水果。2～3歲的幼兒，每日喝1～2杯牛奶也很必要。如果幼兒吃單調的食品，勢必體內含有的營養素不全面。長期下來，就會出現各種營養失調，如營養不良、單純性肥胖、貧血、佝僂病、缺鋅症、免疫力低下、抗病力減弱等等。

幼兒膳食要均衡

蛋白質、脂肪、碳水化合物、維他命、礦物質和水是人體必需的六大營養素，這些都是從食物中獲取的。但是不同的食物中所含的營養素不同，其量也不同。為了取得必需的各種營養素，就要攝取多種食物，根據食物所含營養素的特點，我們基本上可以將食物分為下面幾類：穀物類，豆類及動物性食品（蛋、奶、畜禽肉、魚蝦等），果品類，蔬菜類，油脂類。

　　要使膳食搭配平衡，每天的飲食中必需有上述幾類食品。穀物（米、麵、雜糧、薯）是每頓的主食，是主要提供熱量的食物。蛋白質主要由豆類或動物性食品提供。蛋白質是幼兒生長發育所必需的。人體所需的 20 種氨基酸主要從蛋白質中來，不同來源的蛋白質所含的氨基酸種類不同，每日膳食中豆類和不同的動物性食品要適當地搭配才能獲得豐富的氨基酸。蔬菜和水果是提供礦物質和維他命的主要來源。每頓飯都要有一定量的蔬菜才能符合身體需求。水果和蔬菜是不能互相代替的。有些幼兒不吃蔬菜，家長就以水果代替是不可取的。因為水果中所含的礦物質一般比蔬菜少，所含維他命種類也不一樣。油脂是高熱量食物，我國習慣於使用植物油，有些植物油還含有少量脂溶性維他命，如維他命 E、K 和胡蘿蔔素等。幼兒每天的飲食中也需要一定量的油脂。有些家庭早飯吃牛奶雞蛋而沒有提供熱量的穀類食品，應該添加幾片餅乾或麵包。另一些家庭早餐只吃粥、饅頭、小菜，而未提供可利用的蛋白質，這也不符合幼兒生長發育需求。

　　平衡膳食才會使身體獲取全面的營養，也才能使幼兒正常生長發育。

強化食品不可隨便添加

　　什麼叫強化食品呢？就是為了補充天然食品中某些成分的不足，將一種或幾種營養素添加到食品中，這種經過添加營養素的食品就叫強化食品。比如離胺酸素麵、鐵強化米糊、鋅強化奶粉、含鈣餅乾等。

　　一般來說，我們提倡給孩子吃自然界的天然食品，如五穀雜糧、魚肉蛋禽和蔬菜水果等，膳食安排合理，孩子又不挑食，不偏食，這樣的孩子能夠獲得全面的營養供給，不一定要吃強化食品，吃多了反而有害。比如離胺酸可以增加人體對蛋白質的利用率，可以促進兒童生長發育及新陳代謝。如果

您的孩子注意了優質蛋白的攝取（魚、肉、豆製品），離胺酸是不會缺乏的。不能因為聽說離胺酸素麵吃了對孩子好就給孩子吃。離胺酸攝取過量會造成食慾減退，體重不增，生長停滯，甚至影響智力發育。

　　當孩子缺乏某方面的營養素，也可以選用強化食品，但必須要確定您選用的強化食品中強化的正是您的孩子缺乏的營養素，而且必需了解強化營養素的含量及其每日用量，以免食入過多引起中毒。比如為了減少麻煩，有些家長選用高點粉來代替魚肝油和鈣片，這種強化食品是可以的，但要了解每250毫升牛奶中含鈣多少，含維他命 A、D 多少，幼兒每天吃多少奶才夠生理需求量。如果糊裡糊塗把維他命 A、D 吃多了，會出現副作用，而吃少了又可能患佝僂病。

　　如果您的孩子缺乏某種營養素，最好請營養師或保健醫師指導，是吃藥補充還是吃強化食品，用量應該是多少。千萬不要自己隨意添加強化食品。

第四節
適合寶寶左右腦開發的遊戲：玩「保齡球」

玩「保齡球」

遊戲目的

　　幫助寶寶練習滾球，手眼協調能打中目標，進而提升寶寶的右腦肢體協調能力。

遊戲準備

幾個喝飲料剩下的塑膠瓶、小球一個、較空曠的場地。

遊戲步驟

1. 在離寶寶 1 ～ 2 公尺的地方，放些空的飲料瓶。
2. 家長教寶寶蹲下使球向飲料瓶滾去

遊戲提醒

1. 該訓練要在寶寶會用手把球滾動的前提下進行。
2. 若寶寶擊中目標，家長要讚美寶寶；若擊不中目標，就鼓勵寶寶把球拾回重來。

剪紙花

遊戲目的

鍛鍊寶寶手指的靈活性和準確性。活動手指可以刺激大腦的廣大區域，而透過思維和觀察又可以不斷糾正、改善手指動作的精細化程度。眼、手、腦的配合協調能極大地促進寶寶智力的發展。透過不同顏色和形狀搭配，可以引導寶寶對色彩和形狀的認識和喜愛，提高寶寶的審美能力和藝術感受力。

遊戲準備

彩色紙卡、膠棒、剪刀、膠條、吸管、鉛筆。

遊戲步驟

1. 媽媽在彩色紙卡上畫出不同大小、不同形狀的圖案。

2. 讓寶寶把它們剪下來。

3. 把大小、顏色不同的圖形分別黏在一起，做成花朵。

4. 用膠條把吸管固定在花朵的背面。翻過來，一朵漂亮的紙花就完成了。

5. 把色紙剪成圓形，再透過兩次對折找到圓心，沿一條折痕把圓剪開，剪到圓心後把兩邊黏起來呈漏斗形，再將長短合適的吸管黏在下面，做成小雨傘。

遊戲提醒

如果沒有色紙，可以在白紙上畫出花朵的形狀，再用彩色筆塗上顏色。

摺紙遊戲

遊戲目的

提高寶寶操作能力。手的精細動作發展有助於寶寶智力發展，操作能力發展是日後學習任何技能的前提條件。擁有發達空間智能的寶寶更加傾向于從整體上來認識周圍環境，空間智能的發展有助於發展觀察能力，促進寶寶視覺敏感性和準確性。

遊戲準備

各種顏色的正方形紙。

遊戲步驟

1. 將正方形的紙對角折成三角形。

2. 再將兩邊的銳角向下折成貓耳朵。

3. 把下面的角往上折。

4. 把摺好的紙翻過來，用筆劃上眼睛、鼻子、嘴巴，就是一隻可愛的貓咪

了。

1. 折小貓前讓寶寶練習將紙對折，折的時候要提醒寶寶把角對齊、線壓平。

2. 新紙的邊緣很鋒利，注意不要劃傷寶寶。

做個小實驗

遊戲目的

　　鍛鍊寶寶發現問題的能力。引導寶寶觀察自然界和社會中的事物，多問幾個「為什麼」，培養寶寶善於發現問題的能力，從而引發其進一步探究事物真諦的興趣。這個時期的寶寶對一切都充滿了好奇，有意識地引導可以激發寶寶的求知欲，提高他探索科學奧祕的興趣。

遊戲準備

　　一個空杯子、一根冰棍。

遊戲步驟

1. 引導寶寶觀察飛機尾部在天空中留下的一道白煙。

2. 在空杯子裡倒入半杯溫水，觀察杯子上部就會發現有許多水蒸氣。

3. 拿冰棍靠近杯口，這時杯口上就出現了白煙。

遊戲提醒

　　和寶寶一起查一下資料，找一找這是為什麼。

遇到危險打緊急電話

遊戲目的

認識緊急電話。生活能力培養需要從點滴入手，這個遊戲需要在平日教育的基礎上進行，要讓寶寶不僅認識，還要能夠區分三個電話的不同用途。現代社會存在太多不安全隱患以及各式各樣可能造成的傷害，有意識地培養寶寶建立安全防範意識，可以減少災難的發生，將傷害程度降到最低。

遊戲準備

救護車、消防車、警車圖片或玩具。

遊戲步驟

1. 媽媽製作「119」、「110」，幾張卡片。
2. 媽媽拿出救護車圖片或玩具說：「我生病了，要去醫院，寶寶快打電話吧！」鼓勵寶寶拿出相應的電話號碼卡片。
3. 接著媽媽再設計相應的情節鼓勵寶寶拿出相對應的圖片和電話號碼卡片。
4. 指導寶寶認識電話機上的數字及撥打電話的方法。

遊戲提醒

要提醒寶寶，只有真正遇到危險時才能打緊急電話，不可無故撥打這些電話。

自製小火車

遊戲目的

鍛鍊寶寶的手部動作。鼓勵寶寶自己動手製作玩具，可以極大地調動寶寶的積極性和參與感，在動手的過程中可以發展手部精細動作能力，促進智力的提高。成功的喜悅將會有助於寶寶積極情感的培養，以造就他們積極進取的優秀品格。

遊戲準備

幾個長方形藥盒，一些瓶蓋，一個小藥瓶，一些羊角螺絲、迴紋針、錐子，以及彩色卡紙和雙面膠。

遊戲步驟

1. 剪掉藥盒的一面做火車車廂。
2. 在車廂兩邊用錐子各扎兩個孔，把瓶蓋塞進去，瓶蓋就成了車輪。
3. 用羊角螺絲和迴紋針把車廂連起來。
4. 在每個車廂上面用雙面膠貼上幾個剪成不同形狀的彩色卡紙。
5. 用一個最大的藥盒當火車頭。分別用彩色卡紙剪一扇門和一扇窗，貼在火車頭上。
6. 在火車頭上剪一個小洞，把小藥瓶倒著插進去，一個火車煙囪就做好了。

遊戲提醒

不要讓寶寶使用錐子，有難度的工作還是需要媽媽來動手。

練習用筷子

遊戲目的

鍛鍊寶寶小手肌肉的靈活性和控制能力。小肌肉動作發展對寶寶今後的學習非常重要。用筷子夾食物是非常精細的動作，能夠很好地發展寶寶的小肌肉動作能力，使用筷子對寶寶來說是一種挑戰。隨著獨立意識的增強，寶寶能夠獨立做好一些日常生活中力所能及的事情，鼓勵寶寶做一些和自己密切相關的事情，也為他養成良好生活習慣以及生活自理能力的提高奠定基礎。

遊戲準備

一雙適合寶寶用的筷子、兩個小碗、海綿、棉花、沙包、小玩具等。

遊戲步驟

1. 媽媽示範拿筷子，教寶寶正確使用筷子的方法，讓寶寶模仿。
2. 把海綿、玩具等放入一個碗中，另一個碗並排放著，讓寶寶把碗中的物體夾到另一個碗中。
3. 拉大兩碗的距離，或者換一些比較難夾的物體讓寶寶夾。
4. 讓寶寶反覆練習，吃飯的時候鼓勵寶寶使用筷子。

遊戲提醒

1. 選擇讓寶寶夾的物體大小要適中，不要選擇表面太光滑的物體。
2. 可以不斷變換給寶寶夾的物品，由易到難。
3. 每次練習時間不宜過長，以免寶寶手部肌肉疲勞。

單手拍球

遊戲目的

鍛鍊寶寶手眼的協調性，提高寶寶的右腦肢體協調能力。

遊戲準備

2 個小球，較空曠的場地。

遊戲步驟

1. 媽媽對寶寶面對面站好，每人拿一個球。
2. 媽媽說：「寶寶，看媽媽拍球。」媽媽單手拍球，讓寶寶學著媽媽的樣子拍球。
3. 媽媽換手拍球，說：「寶寶，換手拍球囉。」讓寶寶也用另一隻手拍球。

遊戲提醒

要讓寶寶雙手交替拍球，不要光用右手拍。

了解各種工具的用途

遊戲目的

啟發寶寶的想像力，從而訓練寶寶右腦的創造性思維能力。

遊戲準備

一些家庭常用工具，如小鉗子、剪刀、小錘子、螺絲刀、小量尺等。

遊戲步驟

1. 家長先拿起每件東西，告訴寶寶它的名稱和用途。比如：這是小鉗子，

可以用來夾緊東西；這是小量尺，可以用來量長度；這是剪刀，可以用來剪東西等。

2. 當寶寶記住這些工具的名稱和用途後，家長可以問寶寶：「我要在牆上釘個釘子，應該用什麼工具呢？」

3. 等寶寶說對後，再讓寶寶把那個工具找出來。家長再問：「我有一塊木板，想把它分成兩塊，應該用什麼工具呢？」或：「這裡有一、個螺絲釘，我想把它取出來，可以用什麼工具呢？」就像這樣玩下去。

遊戲提醒

寶寶在使用工具時一定要注意安全。

自己穿衣服

遊戲目的

訓練寶寶的生活自理能力。寶寶樂意模仿成人，希望做一些能夠得到成人認可的事，這是一種得到社會讚許的需求，爸爸、媽媽可在寶寶 2 歲左右時就在寶寶的日常教育中慢慢加入這種習慣。在年幼時播下良好習慣的種子，日後才能結出良好行為的果子。

遊戲準備

寶寶的衣服、鞋子若干。

遊戲步驟

1. 讓寶寶自己選服裝，配鞋子。

2. 讓寶寶依次穿上這些衣服和鞋子，再給媽媽展示一下。

3. 可以播放輕鬆歡快的音樂，讓寶寶隨著節奏走來走去。

遊戲準備

1. 媽媽要耐心鼓勵寶寶，切忌包辦代替。
2. 採取適當的激勵措施，讓寶寶體驗到自己穿脫衣服和鞋子的樂趣。

水變成冰了

遊戲目的

　　感受力培養。透過遊戲可以幫助寶寶認識水和冰的關係和變化，增強他對事物的感受能力，激發他探索科學奧祕的興趣。這個時期寶寶大腦中急切地等待著各種新的體驗，為理性思考、解決問題能力的發展做準備。

遊戲準備

　　食用色素、水、製冰盒。

遊戲步驟

1. 在水中摻進矽晶食用色素。
2. 把水注入製冰盒，放進冰箱做成冰塊。
3. 將冰塊放在盆裡玩，在對話中運用顏色名稱：「請給我一塊藍色的冰塊」或「請給我一塊紅色的冰塊」。
4. 用冰塊堆積木。看它們融化會充滿樂趣，並將引出很多對話。
5. 還可以把果汁注入冰盒或冰棒模型中，讓寶寶體驗自己製作食物的樂趣。

遊戲提醒

　　鼓勵寶寶大膽動手，不要擔心弄髒弄亂家裡的環境。

第五節
34 ～ 36 個月能力發展測驗

34 ～ 36 個月寶寶的能力測驗

1.　認數字

　　背數（每 10 記 1 分）；點數取物（每個記 1 分）。

　　以 10 分為合格

2.　按吃、穿、用、玩將物品分類：

　　蘋果、毛衣、剪刀、鉛筆、雞蛋、湯匙、娃娃、傘、碗、番茄、積木、

　　鑰匙、鐘、麵包、鞋（每個記 1 分）。

　　以 10 分為合格

3.　畫圓形、正方、三角形：

　　會畫圓形一封曲曲線記 2 分，畫正方形中有兩個直角記 4 分，畫 1 個直

　　角記 3 分，畫三角形加記 5 分。

　　以 6 分為合格

4.　用剪刀：

　　會拿剪刀，剪不開記 3 分，剪開小口記 5 分，剪紙條記 7 分。

　　以 7 分為合格

5.　用鈍刀切面團：

　　有切口但未切斷記 4 分，切開兩份記 5 分。

　　以 5 分為合格

6.　看圖講 1 － 2 句話：

講物名記 4 分；講 5 個字以上無形容詞記 8 分；講 5 個字以上有形容詞記 10 分；講出圖的特點加 4 分。

以 10 分為合格

7. 講一件花毛衣：

有物名、用途、顏色、特點，四項齊全記 12 分；不齊全提問後補齊記 10 分；講出 3 項記 8 分，講出 2 項記 6 分。

以 10 分為合格

8. 擺餐桌、擦桌子、放椅子、碗筷或湯匙：

做 4 項，數目齊全記 12 分；做 4 項，數目不齊記 10 分；做 3 項記 8 分；做 2 項記 6 分。

以 10 分為合格

9. 能找出常用的東西：

剪刀、小刀、肥皂、手紙、鉛筆、手帕、故事書、皮球、帽子、襪子、媽媽的書包、爺爺的眼鏡、爸爸的書、奶奶的外套（每種記 1 分）。

以 10 分為合格

10. 自己洗腳：

脫鞋襪、打肥皂、洗腳縫、擦乾、穿上乾淨襪子和鞋子或拖鞋（每項記 2 分）。

以 10 分為合格

11. 上廁所：

會用衛生紙，會整理褲子和衣服，完全自己做記 8 分，自己做後要幫助清理記 6 分，獨立完成一項記 3 分。

以 6 分為合格

12. 穿上衣：

分清前後、正反、會扣鈕子，會3項記8分，2項記6分，會1項記3分。

以6分為合格

13. 走平衡木：

自己走，不需扶人和物由起點到終點記6分（從終點走回起點加3分），扶人扶物記3分。

以6分為合格

14. 單腳連續跳躍（不扶物）：

5下記8分；4下記6分；3下記4分；2下記2分。

以6分為合格

結果分析

1、2題測認智能力，應得20分；

3、4、5題測手的精巧，應得16分；

6、7題測語言能力，應得20分；

8、9題測社交能力，應得20分；

10、11、12題測自理能力，應得22分；

13、14題測運動能力，應得12分，共可得110分，總分90～110分為正常範圍，120分以上為優秀，70分以下為暫時落後。

1～3歲的小惡魔，父母應該這樣帶

孩子的「放電」時間，其實是教育的大好機會

作　　者：方佳蓉，高潤

發 行 人：黃振庭

出 版 者：崧燁文化事業有限公司

發 行 者：崧燁文化事業有限公司

E-mail：sonbookservice@gmail.com

粉 絲 頁：https://www.facebook.com/
　　　　　sonbookss/

網　　址：https://sonbook.net/

地　　址：台北市中正區重慶南路一段六十一號八
　　　　　樓 815 室

Rm. 815, 8F., No.61, Sec. 1, Chongqing S. Rd.,
Zhongzheng Dist., Taipei City 100, Taiwan

電　　話：(02) 2370-3310

傳　　真：(02) 2388-1990

印　　刷：京峯彩色印刷有限公司（京峰數位）

律師顧問：廣華律師事務所 張珮琦律師

國家圖書館出版品預行編目資料

1-3 歲的小惡魔，父母應該這樣帶
：孩子的「放電」時間，其實是教
育的大好機會 / 方佳蓉，高潤著 . --
第一版 . -- 臺北市：崧燁文化事業
有限公司 , 2022.02
　　面；　公分
POD 版
ISBN 978-626-332-039-0(平裝)
1.CST: 育 兒 2.CST: 幼 兒 教 育
3.CST: 健腦法
428.8　　111000643

定　　價：375 元

發行日期：2022 年 02 月第一版

◎本書以 POD 印製

電子書購買

臉書